Biologia cellulare nell'esercizio fisico

Livio Luzi

Biologia cellulare nell'esercizio fisico

In collaborazione con
Roberto Codella
Stefano Benedini
Andrea Caumo
Anna Maestroni
Gianluca Perseghin
Ileana Terruzzi
Gianpaolo Zerbini

Livio Luzi
Professore di Endocrinologia
Preside
Facoltà di Scienze Motorie
Università degli Studi di Milano
Milano

Le figure 2.5 e 8.1 sono riprodotte e riproducibili con licenza libera GNU FDL

ISBN 978-88-470-1534-0   e-ISBN 978-88-470-1535-7

DOI 10.1007/978-88-470-1535-7

© Springer-Verlag Italia 2010

Quest'opera è protetta dalla legge sul diritto d'autore, e la sua riproduzione è ammessa solo ed esclusivamente nei limiti stabiliti dalla stessa. Le fotocopie per uso personale possono essere effettuate nei limiti del 15% di ciascun volume dietro pagamento alla SIAE del compenso previsto dall'art. 68, commi 4 e 5, della legge 22 aprile 1941 n. 633. Le riproduzioni per uso non personale e/o oltre il limite del 15% potranno avvenire solo a seguito di specifica autorizzazione rilasciata da AIDRO, Corso di Porta Romana n. 108, Milano 20122, e-mail segreteria@aidro.org e sito web www.aidro.org.
Tutti i diritti, in particolare quelli relativi alla traduzione, alla ristampa, all'utilizzo di illustrazioni e tabelle, alla citazione orale, alla trasmissione radiofonica o televisiva, alla registrazione su microfilm o in database, o alla riproduzione in qualsiasi altra forma (stampata o elettronica) rimangono riservati anche nel caso di utilizzo parziale. La violazione delle norme comporta le sanzioni previste dalla legge.

L'utilizzo in questa pubblicazione di denominazioni generiche, nomi commerciali, marchi registrati, ecc. anche se non specificatamente identificati, non implica che tali denominazioni o marchi non siano protetti dalle relative leggi e regolamenti.

Responsabilità legale per i prodotti: l'editore non può garantire l'esattezza delle indicazioni sui dosaggi e l'impiego dei prodotti menzionati nella presente opera. Il lettore dovrà di volta in volta verificarne l'esattezza consultando la bibliografia di pertinenza.

9 8 7 6 5 4 3 2 1

Layout copertina: Ikona Srl, Milano

Impaginazione: Ikona Srl, Milano
Stampa: Arti Grafiche Nidasio, Assago (MI)
Stampato in Italia

Springer-Verlag Italia S.r.l., Via Decembrio 28, I-20137 Milano
Springer fa parte di Springer Science+Business Media (www.springer.com)

A Marco e Chiara

*"Tutto quello che può essere detto,
può essere detto chiaramente"*

Ludwig Wittgenstein

Prefazione

Il presente volume è frutto di un lavoro di équipe basato sull'esperienza di una Scuola che da circa 30 anni si è occupata di ricerca ad alto livello nel settore del metabolismo e, da almeno 10, nel campo della scienza dello sport. In seguito alla recente nascita della Facoltà di Scienze Motorie e alla novità dell'insegnamento della Biologia Applicata all'esercizio fisico e allo sport, sono stati necessari alcuni anni di esperienza didattica diretta per la preparazione di questo volume, che è ora pronto e "confezionato su misura" per gli studenti della Facoltà di Scienze Motorie.

Rispetto all'ISEF, che diplomava essenzialmente degli insegnanti, i nuovi corsi di laurea delle classi di Scienze Motorie presentano (oltre a un percorso formativo per l'insegnamento) almeno altri 3 percorsi formativi: 1) formazione di allenatori (sia preparatori fitness che preparatori di atleti/squadre di élite); 2) formazione di professionisti che operino al fianco di personale sanitario nella formulazione di programmi di training fisico, volti a prevenire/curare patologie cronico/degenerative; 3) formazione di figure manageriali in ambiente sportivo. È evidente quindi che, su almeno 3 dei 4 piani di studio oggi possibili in Italia (il manager sportivo costituisce forse l'eccezione), l'insegnamento della Biologia Applicata riveste un ruolo fondamentale.

È quindi con orgoglio che presento questo libro di testo, con la certezza che sarà utile ai nostri studenti e apprezzato dagli operatori dello Sport e non solo. Ritengo, infatti, che la peculiarità dell'argomento trattato, il sempre crescente interesse del mondo accademico, scientifico e sanitario per le problematiche inerenti i benefici dell'attività fisica e la cultura del benessere, che si sta radicando nella Società del XXI Secolo, renderanno questo Manuale uno strumento importante per apprendere i processi endocellulari che stanno alla base dell'esercizio fisico e della performance sportiva.

Milano, ottobre 2009 **Prof. Livio Luzi**

Ringraziamenti

Quest'opera è il prodotto di un gruppo di ricerca affiatato. Non mi è difficile, quindi, ringraziare tutti i miei collaboratori più stretti per l'aiuto fattivo e le proficue discussioni avute nel corso della stesura del testo. Un grazie particolare al Dott. Roberto Codella che è stato ammirevole per la dedizione e l'aiuto fornitomi per la finalizzazione del manoscritto. Un grazie di cuore anche alla Sig.ra Valeria Tadiello per l'aiuto nella trascrizione delle mie lezioni.

Indice

1 Evoluzione ed esercizio fisico: la comparsa dell'*Homo erectus* 1
Livio Luzi, Roberto Codella

    1.1   Cambiamenti ambientali e spinte evolutive 1
    1.2   La teoria endosimbiontica 2
    1.3   La comparsa di un essere *born to run:* l'*Homo erectus* 2
    1.3.1   Dieta e palestra per l'*Homo erectus* 3
    1.3.2   Il *thrifty genotype*, un genotipo di risparmio 5
    Bibliografia 5
    Letture consigliate 6

2 Elementi di morfologia e funzione della cellula 7
Livio Luzi, Roberto Codella

    2.1   La teoria cellulare 7
    2.2   La cellula e le caratteristiche degli esseri viventi 7
    2.3   Procarioti 10
    2.4   Eucarioti 12
    2.4.1   Organuli delle cellule eucarioti 13
    Bibliografia 15
    Letture consigliate 16

3 Le membrane cellulari 17
Gianpaolo Zerbini, Livio Luzi

    3.1   La struttura della membrana cellulare 18
    3.1.1   Lipidi 18
    3.1.2   Proteine 19
    3.1.3   Carboidrati 20
    3.2   Asimmetria della membrana 20

3.3	Funzioni della membrana cellulare		20
3.3.1	Trasporto		20
3.3.2	Sistema immunitario		21
3.3.3	Recettori di membrana		22
Bibliografia			22
Letture consigliate			22

4 DNA, RNA e sintesi proteica muscolare 23
Anna Maestroni

4.1	L'Acido Desossiribonucleico: DNA	23
4.1.1	Struttura	23
4.1.2	Replicazione del DNA	26
4.1.3	Funzione	28
4.2	L'Acido Ribonucleico: RNA	29
4.2.1	Trascrizione	32
4.3	Le proteine	35
4.3.1	Struttura delle proteine	38
4.3.2	Funzione delle proteine	42
4.3.3	Sintesi proteica	43
Letture consigliate		44

5 La mitosi e la meiosi 45
Ileana Terruzzi, Livio Luzi

5.1	Introduzione	45
5.2	Il patrimonio genetico	46
5.3	Il ciclo cellulare	49
5.4	Divisione cellulare	50
5.5	Mitosi	51
5.5.1	Mitosi: strategia di accrescimento e riproduttiva	51
5.5.2	Fasi della mitosi	52
5.6	Meiosi	54
5.6.1	Fasi della meiosi	55
5.7	Confronto tra meiosi e mitosi	57
Letture consigliate		59

6 Effetto metabolico dei nutrienti nell'organismo in toto 61
Roberto Codella, Livio Luzi

6.1	Metabolismo dei carboidrati	62
6.1.1	Fegato	63
6.1.2	Muscolo	63
6.1.3	Cervello	63
6.2	Glicolisi	64

	6.3	Gluconeogenesi	66
	6.4	Pancreas endocrino	66
	6.4.1	Insulina	67
	6.4.2	Glucagone	67
	6.5	Fattori che influenzano la glicemia	68
	6.6	Diabete	68
	6.6.1	Diabete di tipo 1	68
	6.6.2	Diabete di tipo 2	69
	6.7	Sinossi sull'utilizzo dei substrati	69
	Bibliografia		69
	Letture consigliate		69

7 Il mitocondrio e la sintesi di ATP 71
Roberto Codella, Livio Luzi

	7.1	I mitocondri: la centrale elettrica delle cellule	72
	7.1.1	Ciclo di Krebs	73
	7.1.2	Fosforilazione ossidativa	74
	7.1.3	Rese energetiche	75
	7.2	Altre funzioni del mitocondrio	76
	7.3	Rete mitocondriale e allenamento d'endurance	76
	Bibliografia		77
	Letture consigliate		77

8 La cellula muscolare striata 79
Roberto Codella, Livio Luzi

	8.1	Struttura del muscolo scheletrico	79
	8.2	La contrazione muscolare	82
	8.3	Tipi di fibre	84
	8.3.1	Fibre rapide	85
	8.3.2	Fibre lente	86
	8.3.3	Fibre intermedie	86
	8.4	Atleti di forza, atleti di resistenza	87
	Bibliografia		88
	Letture consigliate		88

9 Modulazione del metabolismo energetico cellulare da parte dei nutrienti in corso di esercizio fisico 89
Roberto Codella, Gianluca Perseghin, Livio Luzi

	9.1	Sistemi metabolici in corso di esercizio	90
	9.2	Fattori che influenzano la selezione dei substrati energetici durante l'esercizio	92
	9.3	Metabolismo lipidico ed esercizio	94

9.3.1	Influenza dell'allenamento di endurance sul metabolismo lipidico durante l'esercizio	95
9.4	Trasformazione dei substrati più efficienti	96
9.5	Regolazione metabolica durante l'esercizio	96
9.5.1	Mantenimento dell'omeostasi glucidica	97
Bibliografia		97
Letture consigliate		97

10 Aminoacidi e metabolismo proteico nella cellula muscolare ... 99
Stefano Benedini

10.1	Definizione degli aminoacidi	99
10.2	Funzioni degli aminoacidi	100
10.3	Classificazione chimica degli aminoacidi	101
10.4	Caratteristiche peculiari di alcuni aminoacidi	104
10.5	Proteine e aminoacidi	106
10.6	Sintesi proteica	108
10.7	Cellula muscolare e possibile utilizzo degli aminoacidi nello sport	109
10.8	Metabolismo delle proteine	112
10.9	Proteine e dieta	113
Letture consigliate		114

11 Introduzione allo studio del metabolismo in vivo con l'uso di traccianti ... 115
Andrea Caumo, Livio Luzi

11.1	Introduzione	115
11.2	Un modello del sistema metabolico	116
11.3	Legge di bilancio di massa	117
11.4	Un'analogia idraulica	119
11.5	Stato stazionario e turnover	120
11.6	Clearance plasmatica	121
11.7	Misura del turnover: necessità di un esperimento con un tracciante	123
11.8	Caratteristiche e proprietà del tracciante	124
11.9	Esperimento I: infusione continua di tracciante	125
11.10	Esperimento II: iniezione rapida di un tracciante	127
11.11	Considerazioni conclusive	129
Letture consigliate		130

Indice analitico ... 131

Elenco degli Autori

Livio Luzi
Professore di Endocrinologia
Preside
Facoltà di Scienze Motorie
Università degli Studi di Milano
Milano

Roberto Codella
Ricercatore
Metodi e Didattiche delle
Attività Sportive
Facoltà di Scienze Motorie
Università degli Studi di Milano
Milano

Stefano Benedini
Ricercatore
Endocrinologia
Facoltà di Scienze Motorie
Università degli Studi di Milano
Milano

Andrea Caumo
Ricercatore
Unità di Nutrizione/Metabolismo
Istituto Scientifico San Raffaele
Milano

Anna Maestroni
Consulente Ricercatore
Unità Complicanze del Diabete
Divisione di Scienze Metaboliche
e Cardiovascolari
Istituto Scientifico San Raffaele
Milano

Gianluca Perseghin
Professore Associato
Scienze Tecniche Mediche Applicate
Facoltà di Scienze Motorie
Università degli Studi di Milano
Milano

Ileana Terruzzi
Ricercatore
Unità di Nutrizione/Metabolismo
Istituto Scientifico San Raffaele
Milano

Gianpaolo Zerbini
Ricercatore Confermato
Unità Complicanze del Diabete
Divisione di Scienze Metaboliche
e Cardiovascolari
Istituto Scientifico San Raffaele
Milano

Evoluzione ed esercizio fisico: la comparsa dell'*Homo erectus*

L. Luzi, R. Codella

L'atmosfera terrestre attualmente presenta una concentrazione di ossigeno pari al 21% del suo totale. La maggior parte dei restanti gas è costituita da azoto (78%), mentre minima è la percentuale di altri gas, quali argon (0,9%), anidride carbonica e tracce di altri elementi (0,012%). Alla nascita del nostro pianeta, circa 5 miliardi di anni or sono, non erano ovviamente queste le condizioni dell'atmosfera terrestre. In origine, infatti, l'atmosfera della Terra era di tipo "riducente", cioè priva di ossigeno.

A seguito di determinanti cambiamenti ambientali, succedutisi nel corso delle ere geologiche, la concentrazione dell'ossigeno nell'atmosfera è progressivamente aumentata grazie all'azione di primitivi batteri unicellulari *(procarioti)* in grado di utilizzare gli ioni idrogeno dall'acqua, nel processo della fotosintesi, rilasciando molecole di ossigeno. La comparsa della vita sul nostro pianeta è quindi segnata da organismi in grado di esistere in un ambiente privo di ossigeno, facendo leva sul metabolismo anaerobico. Le concentrazioni di ossigeno liberate da ciano- e solfo-batteri nell'atmosfera primordiale divennero sufficientemente elevate da consentire reazioni ossidative come fonte energetica per la vita, permettendo lo sviluppo e la diversificazione di cellule più evolute delle precedenti, circa 1500 milioni di anni fa, denominate *eucarioti* [1].

1.1
Cambiamenti ambientali e spinte evolutive

Sono stati necessari milioni di anni perché l'ossigenazione della Terra, popolata da procarioti per oltre un miliardo di anni, favorisse l'evoluzione di organismi pluricellulari. La comparsa dei primi organismi è avvenuta, tuttavia, in corrispondenza di trasformazioni pluridirezio-

Biologia cellulare nell'esercizio fisico. Livio Luzi
© Springer-Verlag Italia 2010

nali e non limitatamente al graduale incremento della concentrazione di ossigeno nell'atmosfera. L'ecosistema, porzione di biosfera delimitata naturalmente, fu travolta, infatti, da straordinari eventi (endogeni ed esogeni) quali derive dei continenti, eruzioni vulcaniche, collisioni meteoriche, che condizionarono profondamente la storia del nostro pianeta.

Tali mutamenti hanno reso possibile il verificarsi delle cosiddette spinte evolutive: una caotica quanto causale convergenza di condizioni fortemente selettive che ha permesso l'adattamento degli organismi, vegetali o animali, a un particolare tipo di ambiente o *modus vivendi* (stile di vita). L'acquisizione di nuovi caratteri, vantaggiosamente adattativi, è un esempio di innovazione evolutiva.

1.2
La teoria endosimbiontica

È una delle ipotesi evolutive più accreditate sull'origine eucariotica degli organismi cellulari. Letteralmente *endosimbiosi* significa "vita in associazione interna", e descrive la situazione in cui due organismi cellulari, con dimensioni e metabolismi differenti, avrebbero trovato una convivenza vantaggiosa a fronte dello scenario primordiale di due miliardi di anni fa.

Come detto, non tutti gli organismi erano in grado di tollerare un'atmosfera "ossidante", un'atmosfera cioè che si stava lentamente arricchendo di ossigeno a causa dell'attività fotosintetica dei procarioti. Secondo la teoria endosimbiontica, i primitivi eucarioti poterono sopravvivere grazie all'ingestione e all'incorporazione di un procariota con preziose funzioni metabolicamente complementari, dando così vita a un'associazione simbiotica. È questo il caso dei perossisomi, organuli cellulari in grado di degradare i prodotti tossici formatisi per azione dell'ossigeno, quali i radicali liberi (perossido di idrogeno). Anche i precursori dei mitocondri, organelli considerati le centrali elettriche delle cellule, hanno presumibilmente avuto un'origine endosimbiontica: organismi unicellulari avrebbero *fagocitato*, cioè inglobato, altri organismi di dimensioni più modeste, dotati di proprietà fotosintetiche e quindi in grado neutralizzare gli effetti indesiderati dell'ossigeno molecolare, nocivo invece per il predatore. Tali piccoli procarioti, intrappolati e non digeriti, si sarebbero rivelati utilissimi per l'evoluzione della moderna cellula eucariotica.

1.3
La comparsa di un essere *born to run*: l'*Homo erectus*

Quello che siamo oggi è il risultato di miliardi di anni di evoluzione. Nel 2004, la prestigiosa rivista *Nature*, titolando la sua copertina *Born to run* [2], riportava una teoria secondo cui il nostro diretto antenato, il primo esemplare del *genus Homo* comparso sulla superficie terrestre, sarebbe stato l'*Homo erectus*. L'*Homo erectus* si è evoluto dagli ominidi risalenti a 2,5-3 milioni di anni fa, ed è comparso circa 1.200.000-800.000 anni or sono in una regione dell'Africa centro-orientale corrispondente all'odierno Kenia. La regione dei Serengeti, in prossimità del cratere Ngorongoro, era 2-3 milioni di anni fa completamente ricoperta da foreste. Intorno a un milione di anni fa, a seguito di un cambiamento dell'ecosistema (il riscaldamento della superficie terrestre), le foreste furono progressivamente sostituite da praterie e infine da savane. Se la giungla, quindi, poteva precedentemente avvantaggiare ominidi di dimensioni ridotte che fossero in grado, grazie alla quadrupedia, di arrampicarsi e scendere agilmente dagli alberi per procacciarsi cibo, praterie e savane favorivano invece quegli ominidi più idonei per cacciare e sfuggire ai predatori. In quest'ultimo scenario, i bipedi risultavano evolutivamente più fortunati. Sono stati cioè progressivamente selezionati individui dagli arti posteriori più lunghi, più affini appunto alla postura eretta, e sono scomparsi altrettanto gradualmente quegli ominidi dal baricentro più basso e con un appoggio tetra-podalico. Un processo molto lento, una spinta evolutiva durata 2-4 milioni di anni.

Proprio perché *nati per correre*, l'aumento delle dimensioni cerebrali è stato conseguenza e non causa del bipedismo. Gli arti superiori, infatti, affrancati dalla funzione di locomozione, poterono dedicarsi ad altri scopi, come la fabbricazione di utensili che, con l'andar del tempo, divenne sempre più articolata e sofisticata nel discendente dell'*Homo erectus*, l'*Homo sapiens*. Nel corso dell'evoluzione umana il volume del cervello si è più che triplicato. Comparando l'anatomia di animali domestici e scimmie antropomorfe in studi sulla morfologia del cranio, è emerso che mentre gli animali domestici posseggono una visione monoculare, le scimmie antropomorfe si distinguono per una visione centrale con due occhi frontali, indizio chiaro di un adattamento alla raggiunta postura eretta. È probabile quindi che l'incremento di volume dell'encefalo e della scatola cranica umana sia stato dovuto all'elaborazione di nuovi e più complessi strumenti e all'acquisizione di quelle competenze e comportamenti più adattativi ai vari ambienti [2,3].

1.3.1
Dieta e palestra per l'*Homo erectus*

Nel 2001 è stato definito in via ultimativa il genoma umano: i circa 25.000 geni del nostro patrimonio sono virtualmente identici a quelli dell'*Homo erectus*. Questo significa che in un milione di anni l'assetto genico non è mutato, a differenza dell'ecosistema e di un'interminabile serie di comportamenti umani, non ultime le abitudini alimentari. In altre parole, se, come l'*Homo erectus*, siamo nati per correre in quel primordiale ecosistema, diversamente i nostri geni hanno dovuto vedersela con le modificazioni intervenute nell'ecosistema fino al XXI secolo.

L'*Homo erectus* si cibava di animali di grossa taglia, che cacciava nelle praterie e nelle savane. Naturalmente ciò non poteva accadere con cadenza quotidiana. Questi cacciatori partivano all'alba, si muovevano di corsa o camminando per la maggior parte della giornata: a volte catturavano la preda, ma spesso, soprattutto d'inverno, la cacciagione non sortiva l'esito sperato e i temerari erano costretti al digiuno. Oggigiorno, il digiuno è materia di trattazione etico-religiosa, considerati la non equità della distribuzione delle risorse e la sovralimentazione delle popolazioni occidentali (o occidentalizzate). Siamo quindi geneticamente predisposti per sopportare periodi di digiuno e siamo geneticamente portati a cibarci occasionalmente di animali o, in alternativa, di vegetali e frutta. Proprio come un milione di anni fa.

La nostra alimentazione è cambiata "solo" 20.000-10.000 anni fa. Quando cioè il discendente dell'*Homo erectus*, l'*Homo sapiens*, imparò a coltivare i campi e a fare scorta dei raccolti per affrontare gli inverni e i periodi di magra con più raziocinio. Non fu più necessario, a un certo punto, ricorrere alla forzata cacciagione e alla raccolta di vegetali e frutta, cosicché i periodi di digiuno potevano essere evitati dalla parsimoniosa e razionata conservazione dei beni coltivati (soprattutto grano). Non è un caso che le prime descrizioni di malattie dovute all'iperalimentazione, diabete, obesità ecc., risalgono a 7.000-8.000 anni fa. Procacciarsi cibo senza affanno facilitò probabilmente l'insorgenza, nei gruppi più agiati dei tempi, dei primi disturbi da iperalimentazione. Ingravescente, poi, tra la fine del '700 e l'inizio dell'800, si dimostrò la rivoluzione industriale che, con l'avvento della automazione e meccanizzazione dei processi, ridusse esponenzialmente l'attività fisica per guadagnarsi il sostentamento.

Dall'analisi di reperti fossili è stato possibile stimare la quantità di corsa quotidianamente praticata dall'*Homo erectus*. La doviziosa perizia archeologica si basava sulla valutazione di posizione e dimensioni delle inserzioni tendinee dei segmenti ossei rinvenuti allo stato fossile. Datazione ed elaborazione di modelli matematici hanno consentito la ricostruzione delle dimensioni delle masse muscolari di ominidi estinti milioni di anni fa, verosimilmente corrispondenti alla specie *Homo erectus*. Ebbene, dalle analisi è risultato che questi esseri correvano dalle 4 alle 5 ore al giorno, volume d'allenamento pari solo a quello di un moderno atleta d'élite, il maratoneta. A tal proposito, alcune pubblicazioni scientifiche hanno mostrato come gli individui più simili, per caratteristiche fisiche e metaboliche, al nostro precursore *Homo erectus*, siano proprio gli atleti che si allenano per la maratona. È da precisare che la dieta dei due non poteva essere equivalente, indipendentemente dal computo calorico, vista l'impossibilità dell'*Homo erectus* di alimentarsi di carboidrati complessi come la pasta e il pane. Questi ultimi, infatti, sono comparsi solo in seguito alla sviluppata abilità di coltivare cereali (frumento), acquisita circa 10.000 anni fa.

1.3.2
Il *thrifty genotype*, un genotipo di risparmio

Nel 1962, il genetista inglese James Neel avanzò l'ipotesi del genotipo di risparmio *(thrifty gene hypothesis)* per cercare di comprendere l'intricata pandemia del diabete, additando le sue probabili cause genetiche ed evolutive [4]. Neel propose che i geni che predispongono al diabete (denominati appunto *thrifty genes*) siano stati vantaggiosi nell'evoluzione umana, ma sarebbero diventati deleteri nello scontro con il progresso delle società moderne, evento, quest'ultimo, recentissimo a confronto della storia evolutiva del genus *Homo*. I geni di risparmio sono quelli che consentono all'individuo di stoccare e processare efficacemente gli alimenti, sottoforma di grasso, durante i periodi di abbondanza, per proteggersi in quelli di carestia o di digiuno prolungato. Ecco, quindi, come l'*Homo erectus*, un "predatore-raccoglitore" (*hunter-gatherer*), era protetto nei periodi di digiuno: per la sua capacità di trasformare proficuamente in grasso il cibo che sporadicamente si procacciava. Nella società moderna, però, gli individui che ingrassano facilmente proprio grazie ai geni di risparmio, si "preparano" a una carestia che mai arriverà. Ne consegue logicamente la diffusione di quelle patologie cronico-degenerative da iper-alimentazione, quali l'obesità e il diabete di tipo 2. Una delle prove più evidenti di questa ipotesi è rappresentata dalla crescente incidenza di diabete e obesità in determinate popolazioni da poco esposte a diete (e ambienti) "occidentali", quali nativi americani, africani delle zone sub-sahariane, isolani del sud Pacifico, ecc. Al contrario, gli europei, evolutisi in territori in cui le carestie furono meno comuni, non hanno sviluppato il genotipo di risparmio e di conseguenza sembrerebbero meno geneticamente predisposti a diabete e obesità rispetto alle predette popolazioni.

Su tutti, uno dei modi più efficaci per disperdere le calorie in eccesso, come del resto era costretto a fare l'*Homo erectus*, è compiere un'adeguata attività fisica [5].

Bibliografia

1. Alberts B, Johnson A, Lewis J et al (2004) Biologia molecolare della cellula. Bologna, Zanichelli
2. Bramble DM, Lieberman DE (2004) Endurance running and the evolution of Homo. Nature 432(7015):345-352
3. Luzi L, Pizzini G (2004) Born to run: training our genes to cope with ecosystem changes in the twentieth century. Sport Sci Health 1:1-4
4. Neel JV (1962) Diabetes mellitus: a "thrifty" genotype rendered detrimental by "progress"? Am J Hum Genet 14:353-362
5. Booth FW, Chakravarthy MV, Gordon SE, Spangenburg EE (2000) Waging war on modern chronic diseases: primary prevention through exercise biology. J Appl Physiol 88(2):774-787

Letture consigliate

Cromer AH (1996) L'eresia della scienza. Milano, Raffaello Cortina
Dawkins R (1989) L'orologiaio cieco. Milano, Rizzoli
Fenchel T, Finlay BJ (1994) The evolution of life without oxygen. American Scientist 82:22-28
Gould SJ (1994) L'evoluzione della vita sulla Terra. Le Scienze 316, pp 65-72

Elementi di morfologia e funzione della cellula

L. Luzi, R. Codella

La cellula è la base elementare di tutti gli esseri viventi. È la più piccola unità di un organismo vivente in grado di funzionare in modo autonomo.

Gli organismi viventi, costituiti da una o più cellule, sono entità dotate di particolari strutture altamente complesse attraversate da flussi di energia e materia e in grado di autocostruirsi, riprodursi ed evolversi.

2.1
La teoria cellulare

Dai primi studi al microscopio e dalle osservazioni di numerosi ricercatori (da Robert Hooke nel 1665 fino a Theodor Schwann nel 1830) si giunse alla moderna formulazione della teoria cellulare, secondo cui tutti i viventi sono composti da cellule e tutte le cellule derivano da altri elementi cellulari [1,2].

2.2
La cellula e le caratteristiche degli esseri viventi

Le cellule riassumono, pur nelle loro limitate dimensioni, le caratteristiche generali e costitutive degli organismi viventi: rispondono agli stimoli provenienti dal mondo esterno, sono in grado di trasformare la materia in energia, si riproducono, tramandano le loro informazioni (caratteri) alla progenie impiegando un codice chimico lineare come materiale depositario dell'ereditarietà (DNA).

Strutturalmente, in tutti i viventi, le cellule sono delimitate da una membrana (membrana plasmatica o plasmalemma), che racchiude il citoplasma. Quest'ultimo contiene una componente semifluida, il citosol, costituito per la maggior parte da acqua, sali minerali e molecole organiche, e in cui si trovano immerse strutture (organuli o organelli) con specifiche funzioni, soprattutto nelle cellule più evolute [3].

Complessità. L'esistenza di una complessità specificamente definita indica necessariamente che nella materia vivente sia presente una grande quantità di informazioni. Ogni essere vivente è estremamente complesso, da molti punti di vista. Dal punto di vista morfologico, gli organismi viventi sono classificabili in due macro-categorie: organismi monocellulari, cioè costituiti da una sola cellula (per esempio i batteri); organismi pluricellulari, cioè formati dall'unione di più cellule. Dal punto di vista chimico, la demarcazione tra materia vivente e non vivente è contraddistinta, ancora una volta, da una maggiore complessità funzionale a vantaggio della prima sulla seconda. La composizione chimica degli organismi viventi è molto variegata. Ossigeno, carbonio, idrogeno, azoto, calcio, fosforo e zolfo, costituiscono oltre il 99% della massa cellulare, mentre gli altri elementi chimici sono presenti in quantità minori o minime, ma comunque necessarie allo svolgimento delle funzioni della cellula. Nella scala esponenziale dell'organizzazione della materia vivente, dagli atomi, la più piccola porzione di elemento chimico che ne conserva le caratteristiche, si passa alla struttura molecolare, cioè la combinazione di più atomi. Nella cellula troviamo quindi piccole molecole organiche e macromolecole: i monomeri, composti da meno di 50 atomi, fanno parte delle prime e comprendono, ad esempio, i lipidi (grassi), gli aminoacidi (i mattoni delle proteine) e i carboidrati (zuccheri), i nucleotidi (mattoni degli acidi nucleici, depositari dell'informazione genetica), le vitamine. Le macromolecole (o polimeri) sono composte da più piccole molecole organiche, uguali o diverse, unite da legami stabili a formare delle catene o strutture più complesse. A quest'ultimo gruppo appartengono i carboidrati più complessi (il glicogeno), le proteine e gli acidi nucleici (RNA, DNA).

Accrescimento. Un'altra caratteristica degli organismi viventi è la loro capacità di accrescimento, di autocostruzione, che consiste nell'aumento della loro massa. Il prelievo di sostanze dall'ambiente esterno per il sostentamento, la diversificazione e l'aumento di complessità della cellula sono affidati alla membrana plasmatica che, come vedremo, non è solo un limite fisico della cellula, ma ha funzioni biologicamente attive. La capacità di accrescimento prevede anche la capacità di trasformazione, in senso evolutivo, auxologico e infine relativo al fisiologico processo di invecchiamento. La velocità di trasformazione delle molecole che compongono gli esseri viventi deve essere compatibile con la vita. Ciò significa che le reazioni vitali avvengono in condizioni fisico-chimiche blande. Temperatura, pressione, potere idrogenionico (pH), infatti, sono solo alcune delle variabili che l'organismo controlla entro stretti margini di oscillazione per mettere in atto le reazioni biochimiche fondamentali per l'esistenza.

Riproduzione. Ogni cellula deriva dalla divisione di una cellula pre-esistente. Le cellule sono cioè capaci di riprodursi: ciascuna di esse, mediante il processo denominato mitosi, si divide in due cellule figlie. Prima che si verifichi la divisione *binaria*, però, la cellula deve duplicare il proprio corredo informativo-genico e possedere quindi i meccanismi atti ad assicurare la corretta ripartizione del materiale ereditario nelle cellule figlie, in modo che ciascuna di esse riceva l'intera informazione genetica della specie. Questo è il semplice motivo per il quale i figli assomigliano ai genitori.

Produzione energetica. Ogni cellula è dotata di un apparato metabolico (metabolismo = cambiamento) per mezzo del quale può produrre l'energia chimica necessaria a sostenere i processi vitali. Le cellule devono essere in grado di produrre energia e trasformarla.

Coordinamento e comunicazione. Le cellule devono disporre di comparti separati per lo svolgimento delle reazioni chimiche, in modo che risultino indipendenti e simultanee. La membrana assolve gran parte di questo compito, rappresentando la delimitazione fisica fra la cellula e l'ambiente esterno, permettendo lo scambio selettivo tra materia ed energia. In un organismo pluricellulare, le cellule si collegano mediante giunzioni intercellulari che, nelle piante, assumono la fisionomia di "ponti" citoplasmatici (*plasmodesmi*) (Fig. 2.1), mentre nelle cellule animali possono presentarsi come punti di adesione tra le membrane cellulari oppure

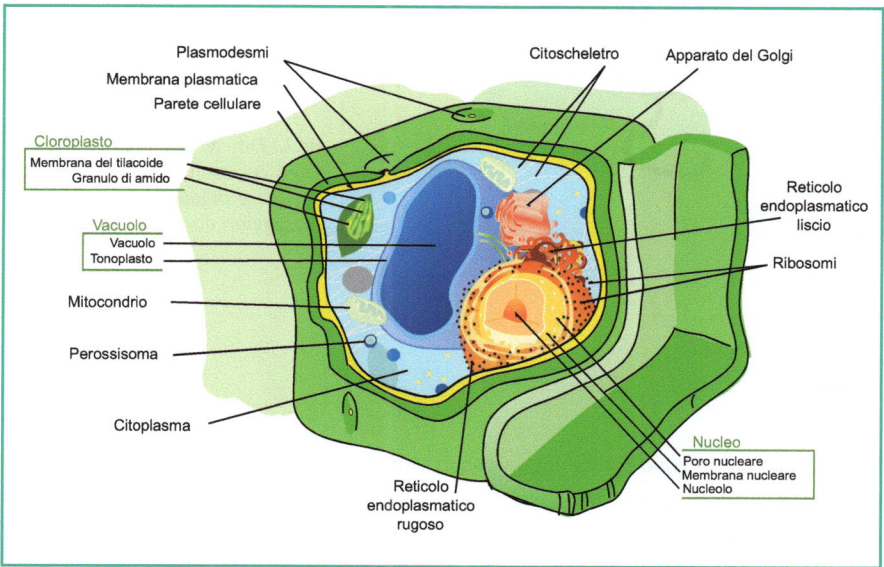

Fig. 2.1 Spaccato di una cellula vegetale. Cellule animali e vegetali dispongono di numerosi organuli e strutture comuni; tuttavia alcuni elementi delle prime mancano nelle seconde e viceversa. In particolare, le cellule vegetali si distinguono per la presenza dei cloroplasti, organuli dove avviene la fotosintesi, e il vacuolo, una sorta di idroscheletro, che può occupare fino al 90% del volume cellulare

come una rete a maglie larghe costituita da macromolecole (matrice extracellulare).

Tra le proprietà minime possedute da tutte le cellule, si annovera: il possedimento di una membrana, di un apparato metabolico e di un gran numero di geni (genoma) che contengono informazioni per la riproduzione.

In base alla loro organizzazione interna e alle loro specifiche strutture endocellulari, le cellule possono essere distinte in due ambiti sistematici distinti: cellule procarioti ed eucarioti (Fig. 2.2) [1-3].

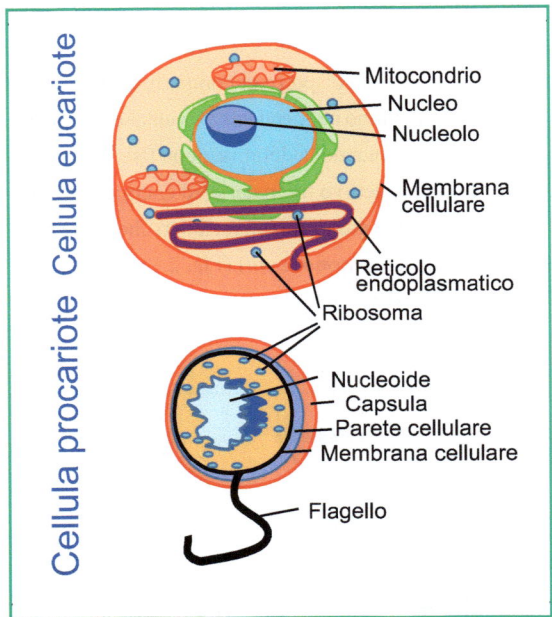

Fig. 2.2 Differenze tra cellula procariote ed eucariote. Dimensioni, complessità e organizzazione denotano le maggiori discrepanze

2.3
Procarioti

Le cellule procarioti sono tipiche degli archeobatteri, degli eubatteri e delle alghe azzurre. Sono circa 10 volte più piccole delle cellule eucarioti, con un diametro da 1 a 10 µm. Nonostante ogni procariota corrisponda a un organismo unicellulare, molti gruppi cellulari appartenenti a questo gruppo tendono a disporsi in catene, aggregati, e talvolta in vere e proprie colonie. La loro struttura interna è piuttosto semplice essendo sprovvisti di membrane interne per la delimitazione compartimentale (Fig. 2.3). Sono prive di organuli, a eccezione dei ribosomi, strutture sferiche di dimensioni estremamente ridotte, rinvenibili nel citoplasma, e preposte

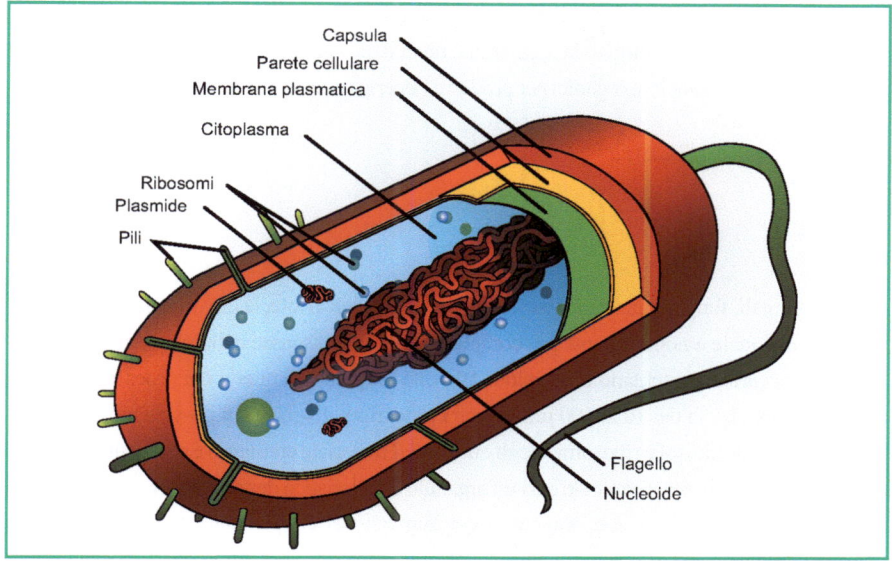

Fig. 2.3 Dettaglio di una tipica cellula procariote. Si notino alcune strutture specializzate presenti nelle cellule procarioti: la parete cellulare, localizzata all'esterno della membrana plasmatica; un ulteriore rivestimento esterno, definito *capsula*; la regione citoplasmatica denominata *nucleoide*, contenente il materiale ereditario (DNA). Infine, le appendici delle cellule procarioti, estroflessioni della superficie cellulare, responsabili del movimento, adesione e di altre complesse funzioni

alla sintesi delle proteine. Una regione citoplasmatica definita *nucleoide* contiene il materiale ereditario (DNA) della cellula procariote.

Alcuni procarioti sono in grado di compiere movimenti nel mezzo liquido mediante appendici filiformi definite *flagelli*. Nei procarioti, infatti, manca il *citoscheletro*, cioè la complessa architettura a sostegno della cellula, fatta di microfilamenti, filamenti intermedi e microtubuli: nelle cellule eucariotiche il citoscheletro contribuisce al movimento grazie ai suoi componenti filamentosi che fungono da supporto per le cosiddette "proteine motrici". Altre strutture filamentose, più corte dei flagelli, i *pili*, si estroflettono dal plasmalemma verso l'esterno e sembrano svolgere un ruolo nelle fasi di attività riproduttiva, mantenendo in contatto i batteri. Sembrano possedere, inoltre, funzioni protettive e di assimilazione alimentare in caso di contatto con un organismo ospite animale.

Il metabolismo dei procarioti può essere aerobico o anaerobico. Alcuni gruppi di batteri possono eseguire la fotosintesi; possono cioè sfruttare l'energia luminosa per sintetizzare macromolecole in condizioni di anaerobiosi, partendo dall'anidride carbonica. In tal caso, complessi sistemi di membrane intracitoplasmatiche, definiti *mesosomi*, possiedono proprietà fotosintetiche e si presentano come ripiegamenti convoluti del plasmalemma estesi verso il citoplasma, rimanendo però sempre in connessione con la membrana cellulare e senza mai raggiungere la complessità degli organuli delimitati da membrana, tipici delle cellule eucarioti. Altri procarioti, infine, riescono a ossidare ioni organici per produrre l'energia necessaria ai processi metabolici [3].

2.4
Eucarioti

Protisti, animali, funghi, piante, sono costituiti da cellule eucariote, la cui organizzazione strutturale e funzionale è notoriamente più complessa delle già discusse cellule procarioti. Le cellule degli eucarioti presentano dimensioni 10 volte maggiori di quelle dei procarioti, con un asse maggiore che va dai 10 ai 100 μm. Come i procarioti, gli eucarioti possiedono una membrana plasmatica, citosol e ribosomi. Negli eucarioti il materiale ereditario è contenuto nel DNA delimitato da membrana, formando così un organulo caratteristico denominato *nucleo* (Fig. 2.4). Nelle cellule eucarioti, diversi organuli sono immersi nel citoplasma e la differenziazione compartimentale è atta allo svolgimento di specifiche funzioni biochimiche (Fig. 2.5) [1-3].

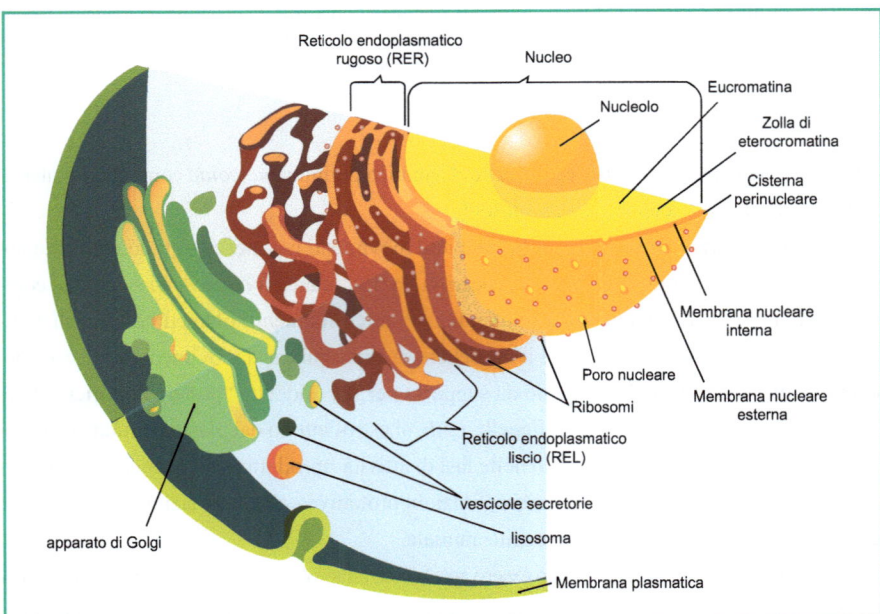

Fig. 2.4 Schema del nucleo cellulare e del reticolo endoplasmatico annesso. Il nucleo rappresenta la struttura in cui è contenuta la maggior parte del DNA, cioè il materiale ereditario della cellula che costituisce la cromatina e le proteine associate. Nella sezione è altresì apprezzabile il reticolo endoplasmatico rugoso (RER), ovvero il sito in cui vengono sintetizzate le proteine da esportazione. Nel reticolo endoplasmatico liscio (REL), invece, avviene la sintesi lipidica

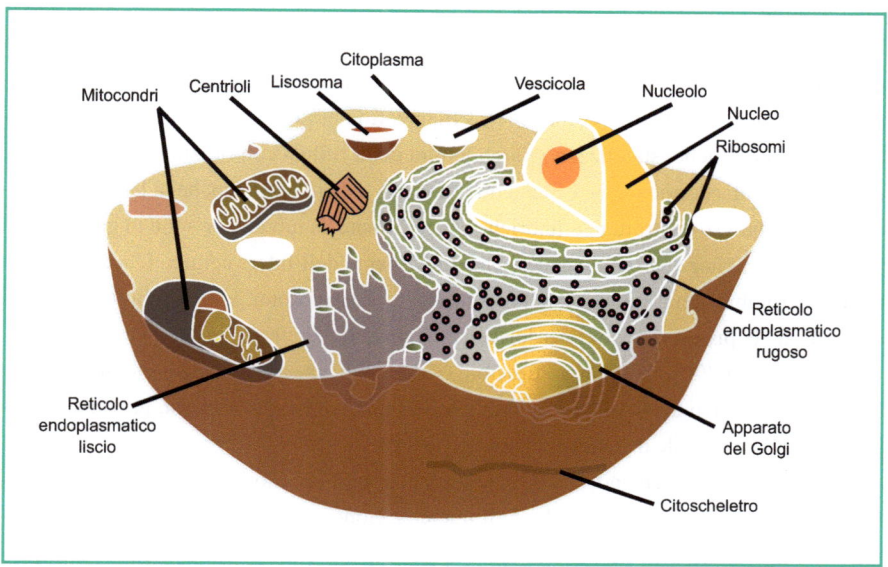

Fig. 2.5 Sezione trasversale di una cellula animale. Le cellule animali, incluse quelle umane, sono delimitate da una membrana plasmatica che racchiude il citoplasma, i mitocondri, il reticolo endoplasmatico, l'apparato del Golgi e il nucleo. I centrioli, assenti nelle cellule delle piante, svolgono un'importante funzione della divisione cellulare, risultando funzionalmente associati al processo mitotico (vedasi Capitolo 5)

2.4.1
Organuli delle cellule eucarioti

Nucleo. È l'organulo più voluminoso della cellula degli eucarioti poiché ha un diametro (~5 μm) generalmente superiore alle dimensioni di una cellula procariote. Forma e dimensioni sono variabili a seconda del tipo cellulare. Il suo rivestimento, definito *involucro nucleare*, racchiude il DNA e corrisponde a una sorta di cisterna endoplasmatica modificata. In altre parole, il nucleo è delimitato da un duplice sistema di membrane. A completare la descrizione della sua architettura ci sono: la lamina nucleare, cioè una rete di filamenti a ridosso della membrana interna dell'involucro nucleare, e i pori nucleari, che creano una soluzione di continuo tra il lato citoplasmatico e quello nucleoplasmatico. Il *nucleoplasma* è l'ambiente interno del nucleo formato dalla *cromatina*, immersa in una soluzione fondamentalmente acquosa. La cromatina è un complesso che tende a condensarsi e a elicarsi in numero definito di lunghi filamenti, i *cromosomi*: strutture contenenti la molecola di DNA, depositaria di una quantità precisa di informazioni ereditarie.

Citoscheletro. I menzionati componenti del citoscheletro contribuiscono a mantenere costante la forma cellulare, a consolidare il citoplasma e a sostenere i movimenti cellulari.

I microfilamenti sono costituiti da catene filamentose della proteina actina (che coopera con la miosina nella contrazione muscolare) e sono implicati nello scorrimento delle regioni citoplasmatiche (correnti citoplasmatiche). I filamenti intermedi possiedono spiccate caratteristiche meccaniche: stabilizzano l'architettura della cellula con funzioni giunzionali tra cellule adiacenti (desmosomi). I filamenti intermedi costituiscono anche la lamina nucleare. I microtubuli sono strutture cilindriche cave, formate da tubulina, e sono in grado di variare la loro lunghezza promuovendo così il movimento dell'intera cellula. L'accorciamento dei microtubuli determina anche il movimento dei cromosomi. I microtubuli rappresentano, infine, le piste molecolari per lo scorrimento delle vescicole.

Ciglia e flagelli. Sono strutture flessibili simili a peli, che alimentano il movimento della cellula attraverso un fascio centrale di microtubuli azionantisi a frusta, grazie all'energia fornita da molecole di adenosintrifosfato (ATP).

Ribosomi. Rappresentano, sia nei procarioti che negli eucarioti, la sede della sintesi delle proteine sotto la direzione degli acidi nucleici. Sono costituiti da due sub-unità di diverse dimensioni (una maggiore e una minore) e, chimicamente, sono composti da un particolare tipo di acido nucleico, l'RNA, definito RNA ribosomiale (r-RNA). I ribosomi sono presenti nel citosol (ribosomi liberi), sulla membrana nucleare e nel reticolo endoplasmatico. Diversi organuli contengono r-RNA.

Reticolo endoplasmatico. Rappresenta il compartimento cellulare dove avviene la sintesi di gran parte dei componenti delle membrane e dei materiali destinati a essere trasportati all'esterno della cellula. Appare in continuità con l'involucro nucleare. Una parte del reticolo è associata a una nutrita presenza di ribosomi che conferiscono la tipica conformazione ultrastrutturale del *reticolo endoplasmatico rugoso* (RER). Come tale, questo complesso è atto alla sintesi e alla codificazione delle proteine. Altre porzioni del reticolo endoplasmatico non sono associate a ribosomi, bensì a tubuli, vescicole o sacculi appiattiti, che nel complesso formano il *reticolo endoplasmatico liscio* (REL), sito di sintesi degli acidi grassi e dei lipidi, nonché di alcuni ormoni steroidei (Fig. 2.4).

Apparato di Golgi. Cisterne appiattite, anch'esse delimitate da membrane, ricevono il materiale sintetizzato nel lume del reticolo endoplasmatico, lo modificano chimicamente trasformando lo stato fisico delle proteine con un processo di condensazione, e lo indirizzano infine a diversi siti interni o esterni alla cellula, tramite formazioni cave note come *vescicole golgiane*. L'unità strutturale dell'Apparato di Golgi, comprendente i sacculi appiattiti e le vescicole, viene definita *dittiosoma*. Il dittiosoma presenta una regione *cis*, che accoglie le vescicole provenienti dal reticolo endoplamatico, e una *trans*, in prossimità della superficie cellulare, che include i sacculi distali ed "etichetta" le proteine da esportazione affinché pervengano alla destinazione loro assegnata. Le proteine delimitate da membrana sono inviate all'ambiente extra-cellulare tramite la "secrezione proteica".

Lisosomi. Sono organuli che traggono origine, almeno parzialmente, dal Golgi. Essi contengono e trasportano enzimi responsabili della digestione di numerose molecole inutili o nocive per la cellula. Accelerano, in questo modo, l'idrolisi di proteine, acidi nucleici e lipidi. Sono delimitati da membrana e presentano un contenuto mediocremente strutturato ed elettrodenso. Quando un corpo estraneo alla cellula viene assunto per fagocitosi, cioè attraverso un'invaginazione della membrana plasmatica, la vescicola che ne risulta (fagosoma) può incontrare il lisosoma ed essere digerita da quest'ultimo. Il *fagosoma* si fonde cioè con un lisosoma primario distaccatosi dall'apparato di Golgi, formando in tal modo un *lisosoma secondario* nell'ambito del quale avviene la digestione cellulare.

Perossisomi. Sono organuli subsferici delimitati da membrana che derivano dal reticolo endoplasmatico. Costituiscono un ambiente isolato e circoscritto per la neutralizzazione di perossidi tossici. Nel loro comparto, cioè, avvengono reazioni per generare e degradare forme particolarmente pericolose e reattive dei perossidi di idrogeno.

Vacuoli. Sono piccole cavità delimitate da una singola membrana, nelle quali vengono accumulate scorie del metabolismo cellulare. Contengono vari soluti disciolti in una soluzione acquosa. A dispetto della loro notevole semplicità, svolgono ruoli fondamentali per la sopravvivenza cellulare.

Mitocondri. I mitocondri costituiscono la sede del processo di respirazione cellulare, mediante il quale la cellula ricava energia (sotto forma di molecole di ATP) bruciando molecole di glucosio, derivanti dalla demolizione delle sostanze nutritive, in presenza di ossigeno.

Organuli tipici della cellula vegetale. Le cellule vegetali possiedono alcune strutture tipiche: la parete, i plastidi e il vacuolo (Fig. 2.1). La *parete* costituisce uno strato rigido e robusto, posto all'esterno della membrana cellulare. I *plastidi* si possono considerare come sacche membranose, nelle quali la cellula può accumulare sostanze. Tra i plastidi, i *cloroplasti* rappresentano la sede della fotosintesi clorofilliana e contengono le molecole di clorofilla necessarie al citato processo. Un grosso vacuolo centrale, ossia una cavità delimitata da una membrana e piena di un liquido detto succo vacuolare, costituisce per la cellula vegetale una sorta di idroscheletro e svolge anche funzioni metaboliche.

Bibliografia

1. Cooper GM (1997) The cell: a molecular approach. Washington DC, ASM Press and Sunderland, MA Sinauer Associates
2. Lehninger AL, Nelson DL, Cox MM et al (2000) Principles of biochemistry. New York, Worth Publishers, 3rd edition
3. Alberts B, Johnson A, Levis J et al (2004) Biologia molecolare della cellula. Bologna, Zanichelli

Letture consigliate

Fruton JS (1999) Proteins, enzymes, genes: the interplay of chemistry and biology. New Haven, Yale University Press

Le membrane cellulari

3

G. Zerbini, L. Luzi

La membrana cellulare era stata considerata inizialmente solo come una barriera che delimitava il materiale contenuto all'interno della cellula, cioè il citoplasma. Con l'approfondimento delle ricerche ci si è però resi conto che la membrana cellulare ha in realtà tutta una serie di funzioni sconosciute in precedenza [1].

Strutturalmente la membrana cellulare è formata da un doppio strato lipidico (Fig. 3.1). I due strati sono costituiti da molecole chiamate fosfolipidi. La parte lipidica è per definizione idrorepellente, mentre il fosfato rappresenta l'estremità idrofilica. La membrana si forma quando il fosfato si porta verso la superficie esterna della cellula, attratto dall'ambiente ricco d'acqua che si trova fuori della cellula, mentre la parte lipidica resta all'interno della

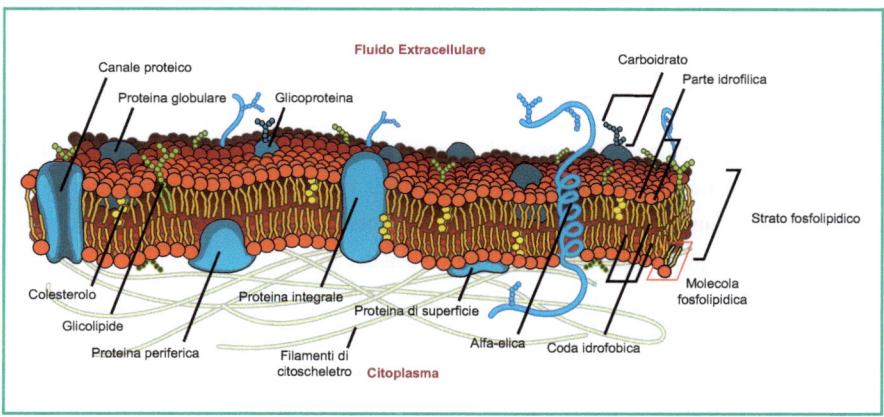

Fig. 3.1 Rappresentazione grafica della membrana cellulare. Le proteine sono inserite all'interno della membrana. Il contenuto lipidico consente alla membrana di auto-ripararsi in caso di lesione esterna

Biologia cellulare nell'esercizio fisico. Livio Luzi
© Springer-Verlag Italia 2010

cellula per allontanarsi dall'acqua stessa. Inserite in questa doppia struttura lipidica si trovano le proteine.

La membrana cellulare costituisce quindi un "mosaico fluido" dove le parti idrofobiche e quelle idrofiliche si incuneano e si muovono le une nelle altre facendo sì che frammenti di membrana possano anche staccarsi dalla struttura principale senza che si creino dei fori permanenti (Fig. 3.1). La parte di membrana che circonda invece gli organelli interni, come il reticolo endoplasmatico il Golgi, i lisosomi e i vacuoli, interagisce con essi e ne favorisce la funzione [2].

3.1
La struttura della membrana cellulare

3.1.1
Lipidi

I lipidi sono trattenuti all'interno della membrana cellulare dalla loro idrorepellenza. Sebbene essi possano avere legami anche con molecole di ossigeno, i lipidi sono costituiti principalmente da idrocarboni.

Le tre classi principali dei lipidi che costituiscono la membrana cellulare sono: i grassi, gli steroidi e i fosfolipidi.

Grassi (triacilgliceroli). Anche se i grassi non sono dei veri e propri polimeri, sono costituiti da grandi molecole a loro volta formate dall'insieme di molecole di dimensioni minori tenute insieme da fenomeni di idrorepellenza. Il grasso è costituito essenzialmente da due molecole: il glicerolo e gli acidi grassi.

Il glicerolo appartiene alla classe degli alcool, mentre gli acidi grassi sono costituiti da un insieme di 16-18 atomi di carbonio. A una estremità di questa struttura, si trova il gruppo carbossilico legato a una lunga coda idrocarbonica. La lunga serie di legami C-H che si trova nella coda degli acidi grassi è la causa della idrofobicità del grasso.

Per formare il grasso, tre acidi grassi si legano a una molecola di glicerolo dando origine a un legame tra il gruppo idrossilico e quello carbossilico. La molecola di grasso che viene così a generarsi è detta triacilglicerolo o anche trigliceride. Gli acidi grassi che costituiscono la molecola di grasso possono essere identici o avere una diversa origine. La lunghezza, il numero e la posizione dei doppi legami presenti in un acido grasso ne definiscono le caratteristiche fisiche e chimiche.

Il fatto che un grasso sia saturo o insaturo dipende dalla struttura della coda idrocarbonica dell'acido grasso in esso contenuto. A seconda del prevalere di grassi saturi o insaturi all'interno della membrana cellulare, la fluidità della membrana stessa tende a modificarsi [3].

Fosfolipidi. I fosfolipidi sono i principali componenti della membrana cellulare. Sono strutturalmente simili ai grassi, ma contengono solo due acidi grassi anziché tre. Il terzo gruppo idrossilico del glicerolo, in questo caso, è legato a un gruppo fosfato carico negativamente. Al fosfato possono poi essere legate delle piccole molecole solitamente idrofiliche e, a seconda di quale molecola sia legata al fosfato, si vengono a creare vari tipi di fosfolipidi.

I fosfolipidi, contenendo sia una regione idrofobica che una idrofilica, sono definiti come sostanze anfipatiche. La coda è formata da idrocarboni ed è idrofobica, la testa invece è formata dal gruppo fosfato e dai suoi annessi ed è idrofilica. Data la loro conformazione, i fosfolipidi, una volta entrati in contatto con l'acqua, si organizzano in aggregati che espongono la parte idrofilica verso l'acqua. Questa struttura, che ha al suo interno la parte idrofobica, è detta micella e rappresenta l'elemento portante del doppio strato di fosfolipidi che costituisce la struttura semipermeabile che, a sua volta, caratterizza qualunque membrana cellulare.

Steroidi. Gli steroidi comprendono il colesterolo e alcuni ormoni. Gli steroidi sono formati da uno scheletro di atomi di carbonio organizzato in quattro anelli concentrici. Il colesterolo, in particolare, è un elemento fondamentale delle membrane delle cellule animali e il suo compito è quello di stabilizzare la membrana stessa. Il colesterolo è poi il precursore da cui si formano gli altri steroidi. Le molecole di colesterolo sono fisicamente inserite all'interno del doppio strato fosfolipidico della membrana cellulare [4].

3.1.2
Proteine

Le proteine costituiscono da sole più del 50% del peso secco di ogni cellula. Sebbene le differenti membrane cellulari siano composte da decine di migliaia di proteine, esse sono in realtà polimeri originati dalla diversa disposizione sequenziale di 20 aminoacidi. Le proteine di membrana sono classificate in due categorie: le proteine integrali e le proteine periferiche. Le proteine integrali sono generalmente proteine transmembranarie con la parte idrofobica che attraversa da un capo all'altro la membrana cellulare. Gli estremi idrofilici della proteina fuoriescono dal lato intra ed extracellulare della membrana. Nell'ambito della membrana le proteine integrali sono molto più grosse dei lipidi, alcune si muovono molto lentamente in questo ambiente, altre sono ancorate al citoscheletro. Le proteine periferiche non si trovano all'interno della membrana cellulare, ma sono invece debolmente ancorate alla superficie esterna, spesso in contatto con la parte esterna delle proteine integrali.

3.1.3
Carboidrati

I carboidrati di membrana sono solitamente degli oligosaccaridi ramificati. Alcuni di questi oligosaccaridi sono legati in modo covalente ai lipidi formando molecole chiamate glicolipidi. Altri sono invece legati in modo covalente alle proteine dando origine a molecole chiamate glicoproteine. Gli oligosaccaridi presenti sulla superficie cellulare differiscono da individuo a individuo, ma anche da cellula a cellula e possono quindi essere usati come markers per distinguere una cellula dall'altra.

3.2
Asimmetria della membrana

Le membrane hanno superfici interne ed esterne differenti. I due strati lipidici hanno una differente composizione e di conseguenza anche le proteine assumono una diversa disposizione spaziale all'interno della membrana. I carboidrati, infine, si trovano solo sulla superficie esterna della membrana (Fig. 3.1).

3.3
Funzioni della membrana cellulare

3.3.1
Trasporto

La membrana cellulare permette il passaggio di materiale verso l'interno e l'esterno della membrana.

Diffusione. Alcune piccole molecole sono in grado di attraversare la membrana per diffusione. La diffusione è il processo mediante il quale le molecole si muovono da un'area dove sono molto concentrate a un'altra dove la concentrazione è minore. La diffusione è un processo piuttosto lento poiché non c'è nessuna energia che fa muovere le molecole. Essa si attiva solo se le molecole sono sufficientemente piccole da passare attraverso i piccoli pori contenuti nella membrana. Il passaggio stesso delle molecole attraverso la membrana è influenzato dal fatto che esse siano liposolubili o idrosolubili. Alcune proteine della membrana possono formare dei canali che permettono a molecole idrosolubili di passare attraverso lo strato idrofobico lipidico che si trova all'interno della membrana.

Diffusione facilitata. Alcune molecole importanti, quali il glucosio che fornisce energia a tutte le cellule, possono essere fatte passare attraverso la membrana mediante un processo chiamato diffusione facilitata. Canali proteici permettono di far passare molecole da zone ad alta concentrazione ad altre a concentrazione minore.

Trasporto attivo. In alcuni casi la concentrazione di alcune molecole è maggiore da un lato della membrana che dall'altro, ma ciononostante la cellula ha la necessità di mantenere il gradiente. In questo caso, la membrana cellulare usa l'energia per spingere le molecole controcorrente. Questo è chiamato trasporto attivo. Alcune cellule usano questo meccanismo per trasportare alcuni minerali. Cellule nervose usano pompe per trasportare ioni col fine ultimo di trasmettere messaggi.

Fagocitosi e pinocitosi. Talvolta le cellule permettono l'entrata di molecole che sono troppo grosse per passare attraverso i normali canali. In questo caso la membrana avvolge le molecole e forma delle vescicole che possono attraversare facilmente la parete della membrana stessa. Se le molecole trasportate in questo modo sono solide, il processo è chiamato fagocitosi. Se invece sono liquide, il processo è chiamato pinocitosi.

3.3.2
Sistema immunitario

Le proteine che costituiscono la membrana cellulare sono ovviamente molto importanti per quanto riguarda il sistema immunitario. Alcune di esse sono deputate a formare canali o trasportatori, ma altre sono necessarie per la caratterizzazione e l'identificazione della cellula. Le cellule di un determinato organismo vengono riconosciute come appartenenti all'organismo stesso sulla base delle proteine e delle glicoproteine espresse sulla loro superficie. Quando un organo viene trapiantato da un individuo a un altro, questo viene riconosciuto come estraneo per la presenza di differenti proteine di membrana e l'organismo ricevente, se non vengono usati i cosiddetti farmaci immunosoppressori, rigetta l'organo trapiantato. Lo stesso avviene in alcune malattie cosiddette "autoimmunitarie" quali l'artrite reumatoide o alcune malattie della tiroide in cui alcune proteine di membrana del corpo umano vengono erroneamente riconosciute come estranee e quindi rigettate.

3.3.3
Recettori di membrana

I recettori di membrana sono costituiti da proteine transmembranarie con una componente posta sulla superficie esterna della membrana che viene riconosciuta in modo specifico dal ligando. Il recettore può essere riconosciuto sia da una sostanza specifica, come ad esempio un ormone, oppure da una proteina presente sulla membrana di un'altra cellula, come avviene quando un linfocita killer riconosce una cellula estranea. Le azioni che seguono il legame di un ormone al suo specifico recettore di membrana sono, in sequenza e nell'ordine, l'aggregazione del complesso recettore-ligando, la degradazione in loco del complesso stesso o la sua internalizzazione per svolgere un'attività anche all'interno del citoplasma.

Bibliografia

1. Hollán S (1996) Membrane fluidity of blood cells. Haematologia 27:109-127
2. Jacobson K, Sheets ED, Simson R (1995) Revisiting the fluid mosaic model of membranes. Science 268:1441-1442
3. Singer SJ (2004) Some early history of membrane molecular biology. Ann Rev Physiol. 66:1-27
4. Singer SJ, Nicolson GL (1972) The fluid mosaic model of the structure of cell membranes. Science 175:720-731

Letture consigliate

Alberti G, Drioli E (1995) Le membrane. Fenomeni di trasporto, ricerca applicata e biologia. Carocci, Roma

Siccardi A (1987) Le membrane biologiche. Piccin-Nuova Libraria, Padova

Suman T, Sanguigni V (1997) Le membrane biologiche e i loro rapporti col citoscheletro. Piccin-Nuova Libraria, Padova

DNA, RNA e sintesi proteica muscolare

4

A. Maestroni

4.1
L'Acido Desossiribonucleico: DNA

4.1.1
Struttura

Ogni individuo possiede un proprio patrimonio genetico che si trova inscritto in filamenti di DNA e viene conservato nel nucleo di ogni cellula in particolari formazioni dette cromosomi; essi rappresentano, pertanto, le molecole che contengono tutte le informazioni necessarie per la crescita, la specializzazione e la vita di ciascuna cellula. Oltre al DNA contenuto nel nucleo, ogni individuo possiede anche del DNA mitocondriale che, a differenza di quello nucleare, viene ereditato solo ed esclusivamente dalla madre.

Dal punto di vista chimico, il DNA è un polimero formato da unità più piccole legate tra loro attraverso legami fosfo-diesterici: i nucleotidi.

Il nucleotide è composto da tre parti (Fig. 4.1):
- un pentoso: si tratta di uno zucchero a cinque atomi di carbonio, desossiribosio nel caso del DNA (vedremo poi che ci sarà uno zucchero differente nell'RNA);
- un gruppo fosfato: PO_4^{--} legato al carbonio dello zucchero;
- una base azotata: adenina, guanina (dette purine), timina o citosina (dette pirimidine).

Abbiamo quindi, nel DNA, quattro diversi tipi di nucleotidi, che si differenziano per la base azotata in essi contenuta

(Nucleoside = zucchero + base azotata, per cui il nucleotide è anche detto nucleoside fosfato)

Biologia cellulare nell'esercizio fisico. Livio Luzi
© Springer-Verlag Italia 2010

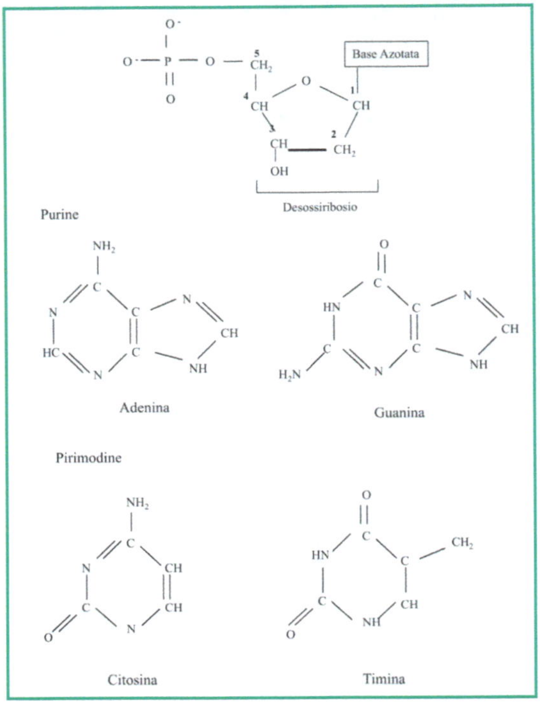

Fig. 4.1 Struttura dei nucleotidi componenti del DNA

Lo zucchero forma l'asse centrale della catena legando la base azotata in posizione 1' e il gruppo fosfato in posizione 5'. L'unione tra nucleotidi consecutivi è assicurata dal legame del gruppo fosfato di un nucleotide con lo zucchero del nucleotide successivo in posizione 3'. Quindi i due estremi della catena si presentano liberi e saranno pertanto privi di residui fosforici degli atomi di carbonio in posizione 3' e 5' e del desossiribosio. In questo, modo il polimero viene ad assumere una precisa direzionalità.

In natura il DNA si presenta sotto forma di dimero costituito dall' associazione di due singoli filamenti: DNA *single strand* (DNAss).

La struttura tridimensionale del DNA fu dedotta da James Watson e Francis Crick nel 1953 analizzando fotografie a raggi X di fibre di DNA ottenute da Rosalind Franklin e Maurice Wilkins.

Il loro modello descrive il DNA come composto da due catene polinucleotidiche che corrono in direzioni opposte (definite antiparallele), avvolte a elica attorno a un asse comune; in questa doppia elica, le basi azotate si trovano al suo interno mentre i gruppi fosfato e gli zuccheri si trovano all'esterno; il piano delle basi è perpendicolare all'asse dell'elica. L'esempio più classico è quello di una scala a pioli arrotolata su se stessa: i pioli rappresentano le coppie di basi azotate, le funi laterali i gruppi fosfato e gli zuccheri.

Il diametro dell'elica è di 2 nm (20 Å). Basi adiacenti sono separate da 0,34 nm (3,4 Å) lungo l'asse dell'elica e formano tra loro un angolo di 36°. La struttura dell'elica si ripete dopo 10 residui di ciascuna catena, quindi il passo dell'elica risulta di 3,4 nm (34 Å). Entrambe le eliche sono destrorse, ossia, immaginando di guardare lungo il loro asse, i due filamenti si avvolgono in senso orario.

Le due catene sono unite da legami idrogeno che coinvolgono le coppie di basi azotate; in particolare l'adenina forma sempre due legami idrogeno con la timina e la guanina ne forma sempre tre con la citosina.

L'aspetto più importante della struttura del DNA è proprio quello della specificità dell'appaiamento delle basi.

In favore del modello di Watson e Crick, che prevedeva l'appaiamento di basi complementari, esistevano già risultati di studi precedenti sulla composizione del DNA. Nel 1950, Erwin Chargaff aveva scoperto che i rapporti tra adenina e timina e tra citosina e guanina erano sempre molto vicini a uno in tutte le specie studiate.

La struttura a doppia elica del DNA rappresenta la forma più conveniente dal punto di vista energetico e di conseguenza la conformazione più stabile esistente in natura. La separazione della doppia elica (DNA *double strand*) è tuttavia possibile fornendo energia al sistema, per esempio sotto forma di calore. Il fenomeno della separazione delle due eliche complementari del DNA è definito col termine di denaturazione.

La struttura a doppia elica descritta da Watson e Crick è la struttura in cui si presenta quasi tutto il DNA in condizioni fisiologiche ed è detta forma B (DNA B); l'elica di DNA può presentarsi però in altre forme definite DNA A e DNA Z. Queste strutture differiscono dal modello del DNA B per alcuni parametri strutturali come il diametro della doppia elica o la distanza tra un filamento e l'altro.

Nel DNA *double strand* normalmente si instaurano ulteriori legami tra i diversi gruppi del polimero, con conseguente aumento della spiralizzazione. L'avvolgimento del DNA su se stesso è facilitato dalla presenza di particolari proteine basiche, gli istoni, attorno alle quali il DNA si arrotola.

Ogni unità istone-DNA (11 nm) costituisce un nucleosoma che a sua volta si organizza in polinucleosomi (30 nm). Questi ultimi, poi, si condensano ulteriormente in nucleofilamenti, che si associano in anse su una struttura polisaccaridica, detta *scaffold*, che costituisce proprio lo scheletro del cromosoma (1 µm).

Il fatto che il DNA avvolgendosi si compatti offre due grandi vantaggi:
1) Riduce notevolmente lo spazio occupato dalla molecola per cui sequenze di basi lunghissime contenenti migliaia di informazioni possono essere contenute nel nucleo di ogni cellula (l'avvolgimento permette al DNA umano, lungo circa 0,99 metri di essere contenuto nel nucleo di ogni singola cellula del corpo, nucleo il cui diametro è di pochi micron).
2) Il secondo vantaggio offerto dalla spiralizzazione del DNA è quello di semplificare la divisione del patrimonio genetico.

4.1.2
Replicazione del DNA

Il modello di struttura del DNA descritto da Watson e Crick suggerì immediatamente un modello per la replicazione del DNA. L'ipotesi formulata dai due scienziati prevede che, prima della duplicazione del DNA, i legami idrogeno che tengono unite le basi complementari si spezzino, quindi le due catene si svolgano e si separino; in questo modo ogni catena agisce da stampo (seguendo la legge della complementarietà delle basi) per una nuova catena. Alla fine del processo avremo quindi due coppie di catene dove prima ne avevamo solo una.

Questo modello di replicazione del DNA è definito semiconservativo perché ogni doppia elica che si forma è costituita da una catena vecchia (lo stampo) e da una di nuova sintesi. Poiché le basi devono, però, essere complementari, questo modello garantisce che la sequenza delle coppie di basi sia stata duplicata correttamente.

Risultati sperimentali ottenuti sia in batteri sia in cellule di organismi superiori hanno confermato tale modello.

Il processo di replicazione non è però così semplice come potrebbe sembrare. In esso sono implicati numerosi enzimi ognuno dei quali ha un compito ben preciso.

Abbiamo precedentemente illustrato come il DNA si spiralizzi per meglio compattarsi nei cromosomi, appare quindi evidente che, per permettere la replicazione, esso si debba prima svolgere: le girasi sono enzimi che sono in grado di catalizzare dapprima la rottura in uno dei filamenti, seguita da un disavvolgimento, e quindi la ricongiunzione dei filamenti stessi. A questo punto il DNA è svolto e può quindi intervenire l'elicasi: un enzima in grado di separare le due eliche del DNA spezzando i legami idrogeno che intercorrono tra le basi azotate. I due filamenti di DNAss che si sono così formati tenderebbero però a riassociare spontaneamente in DNA a doppia elica se non vi fossero delle proteine (SSB, *Single Strand DNA-Binding*) capaci di legare il DNAss rendendolo stabile e quindi accessibile alla replicazione vera e propria.

L'enzima DNA polimerasi presiede la sintesi del DNA. Esso è in grado di sintetizzare una nuova catena di DNA usandone una vecchia come stampo; avanza nella sintesi del DNA solo in direzione 5'→3', aggiungendo nucleotidi a un *primer* (oligonucleotide) che abbia il gruppo 3'-OH libero. La DNA polimerasi III possiede anche un'attività esonucleasica 3'→5' che gli permette di controllare il nuovo nucleotide inserito e di eliminarlo nel caso non vi sia un appaiamento corretto tra basi.

La direzione di sintesi della DNA polimerasi è quindi da 5' a 3'. Poiché, però, il DNA ha due filamenti antiparalleli, appare evidente che un filamento possa facilmente essere sintetizzato da questo enzima, ma non risulta altrettanto evidente come possa venir sintetizzato l'altro filamento che ha direzione 3'→5'.

Questo problema venne risolto da Reiji Okazaki, che scoprì che una parte del DNA di nuova sintesi esiste sotto forma di piccoli frammenti. Queste unità di circa 1000 nucleotidi, chiamate frammenti di Okazaki, sono presenti per breve tempo vicino alla forca replicativa. Il filamento formato dai frammenti di Okazaki viene chiamato filamento lento (*lagging strand*), mentre quello che viene sintetizzato in modo continuo, senza interruzioni è detto filamento veloce (*leading strand*). Sia i frammenti di Okazaki sia il filamento veloce sono sintetizzati in direzione 5'→3'. La sintesi discontinua del filamento lento permette alla polimerizzazione 5'→3' di dare origine a livello molecolare a una crescita effettiva della catena in direzione 3'→5'.

Abbiamo detto che la DNA polimerasi è in grado di aggiungere nucleotidi, ma non di iniziare la sintesi: se non trova un oligonucleotide da allungare, la DNA polimerasi non può procedere nella replicazione. Il primer utilizzato dalla DNA polimerasi III è costituito da corte catene RNA (circa cinque nucleotidi) e viene sintetizzato da una RNA polimerasi che prende il nome di primasi.

Il *primer* di RNA viene però sostituito da DNA a opera di un'altra DNA polimerasi: la DNA polimerasi I che è dotata anche di attività esonucleasica 5'→3' ed è quindi in grado di riconoscere i ribonucleotidi di cui è composto l'RNA *primer* come non appropriati per il DNA, di eliminarli e sostituirli con i desossirbinucleotidi tipici del DNA (tale attività non può essere svolta dalla DNA polimerasi III perché non possiede attività esonucleasica in direzione 5'→3').

Infine, la DNA ligasi unisce covalentemente i frammenti uniti a formare il nuovo filamento.

Grazie alla complementarietà delle basi e all'attività esonucleasica 3'→5' della DNA polimerasi III, il DNA dovrebbe essere sempre copiato in modo fedele, ma non è sempre così, la "macchina" enzimatica che replica il DNA a volte può commettere errori che portano a un'alterazione della sequenza nucleotidica del DNA. Si conoscono vari tipi di mutazioni molecolari: sostituzione di una coppia di basi con un'altra, delezione di una o più coppie di basi, inserzioni di una o più coppie di basi.

La mutazione più comune è la sostituzione. Sono possibili due tipi di sostituzione (Tabella 4.1):
- la transizione è la sostituzione di una purina con un'altra purina o di una pirimidina con un'altra pirimidina;
- la transversione, invece, è la sostituzione di una pirimidina con una purina o di una purina con una pirimidina.

Tabella 4.1 Sostituzione nucleotidiche

Transizioni	Transversioni	
AT→GC	AT→GC	GC→CG
GC→AT	AT→TA	GC→TA
CG→TA	CG→AT	TA→AT
TA→CG	CG→GC	TA→GC

Il DNA, inoltre, viene danneggiato da molti agenti chimici e fisici, ma tutte le cellule possiedono dei meccanismi di riparazione. Un classico esempio è fornito dalla riparazione dei danni sul DNA provocati dalle radiazioni ultraviolette. Residui contigui di timina su un filamento di DNA possono unirsi covalentemente se sottoposti a radiazioni UV. Il dimero che si forma non entrerà più nella doppia elica e quindi la replicazione e l'espressione del gene rimangono bloccate fino a che il dimero non verrà rimosso. A tale scopo, esistono dei complessi enzimatici che sono in grado di riconoscere i dimeri di timina, di rimuoverli dal filamento di DNA e di ricostruire il DNA exciso utilizzando l'altra elica come stampo. Altri errori nel DNA possono venire corretti, ma è essenziale riconoscere il filamento normale da quello sbagliato. Nel caso del dimero di timina si può facilmente capire quale sia il filamento che porta in sé l'errore, ma nel caso dell'introduzione di una base errata avremo lo scorretto appaiamento di basi, per esempio adenina con guanina. Il problema che ora si presenta è quello di riuscire a capire se la base azotata sbagliata è l'adenina (che dovrà essere sostituita con una citosina) oppure la guanina (che dovrà essere sostituita con una timina).

Il meccanismo che permette di riparare il filamento di nuova formazione, che ha introdotto l'errore usando come stampo il vecchio filamento, è la metilazione. Il vecchio filamento di DNA ha dei gruppi metilici legati ai residui di adenina appartenenti alla sequenza GATC. La metilazione è una caratteristica del vecchio filamento in quanto richiede del tempo per realizzarsi. L'enzima di correzione taglia il filamento non metilato per rimuovere il nucleotide non correttamente appaiato e lascia il filamento vecchio integro in modo che possa servire da stampo.

4.1.3
Funzione

Dopo aver analizzato la struttura dell'acido desossiribonucleico, prenderemo ora in considerazione le sue importantissime funzioni. Abbiamo già detto che il DNA rappresenta la molecola che contiene in sé tutto il patrimonio informativo di un individuo - il genotipo - che, differendo da soggetto a soggetto (eccetto che per i gemelli monozigoti), esprime l'assoluta unicità di ogni essere.

Ma, come può una molecola dalle dimensioni così ridotte condizionare le caratteristiche strutturali e funzionali di ogni individuo? In che modo il DNA può stabilire che un soggetto sia alto o basso, biondo o castano, sano o portatore di una determinata malattia?

Tutto si realizza attraverso il processo della sintesi proteica. Le diverse sequenze di nucleotidi definiscono quali aminoacidi debbano succedersi nella costituzione delle proteine strutturali e degli enzimi di un organismo. Dall'interazione di questi con i fattori ambientali derivano i tratti caratteristici di ogni essere, che costituiscono appunto il fenotipo.

Il passaggio di informazioni dal DNA alle catene polipeptidiche richiede due differenti processi, detti rispettivamente trascrizione e traduzione, nonché la presenza di un particolare mediatore, l'acido ribonucleico (RNA).

4.2
L'Acido Ribonucleico: RNA

L'RNA, come il DNA, è un acido nucleico costituito dall'unione di numerosi nucleotidi. Pur presentando molte analogie con l'acido desossiribonucleico, l'RNA ne differisce a livello strutturale per la presenza del ribosio invece del desossiribosio, dell'uracile al posto della timina e per la struttura a singola elica (monomerica).

Quindi, dal punto di vista chimico, anche l'RNA è un polimero formato dall'unione di nucleotidi attraverso legami fosfo-diesterici.

Anche in questo caso, il nucleotide risulta formato da tre parti:
- un pentoso: si tratta di uno zucchero a 5 atomi di carbonio, il ribosio;
- un gruppo fosfato: PO4-- legato al carbonio dello zucchero;
- una base azotata: adenina, guanina (dette purine), uracile o citosina (dette pirimidine) (Fig. 4.2).

L'RNA, al contrario del DNA, si presenta come una molecola a breve emivita, che viene continuamente sintetizzata e distrutta dalla cellula in funzione alle proprie esigenze. L'RNA è fondamentale per trasportare le informazioni contenute nel DNA dal nucleo al citoplasma, dove tali informazioni vengono tradotte in proteine. Possiamo distinguere tre diversi tipi di RNA, ciascuno dei quali con un ruolo specifico e indispensabile per la sintesi proteica: l'RNA messaggero (mRNA), l'RNA transfer (tRNA), l'RNA ribosomiale (rRNA).

L'mRNA viene prodotto nel nucleo cellulare sul modello di un singolo filamento di DNA, rispettando la legge della complementarietà delle basi. La trascrizione del DNA in mRNA avviene a opera di un enzima denominato RNA polimerasi, enzima che per funzionare richiede la presenza di DNA. Sempre nel nucleo, l'mRNA primitivo così costituitosi viene sottoposto a un processamento, detto *splicing*, che consiste essenzialmente nell'eliminazione di particolari sequenze nucleotidiche, gli introni, che non posseggono una funzione codificante, ma hanno solo un probabile significato regolatore. L'mRNA formatosi, definito maturo, viene quindi trasferito nel citoplasma e sistemato sui ribosomi, dove può essere letto e tradotto in proteina senza che vi sia un intervento diretto da parte del DNA. Quest'ultimo, infatti, rimane nel nucleo al riparo da ogni insulto che potrebbe determinarne un cambiamento nella sequenza e che di conseguenza comprometterebbe la stabilità del genoma.

Ogni cellula è in grado di rispondere agli stimoli ambientali attivando la trascrizione di un

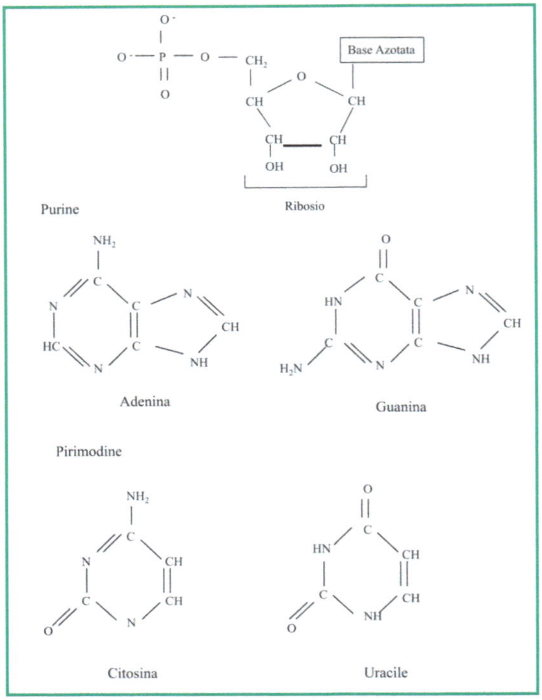

Fig. 4.2 Struttura dei nucleotidi componenti dell'RNA

gene piuttosto che di un altro. Inoltre, è proprio grazie alla differente produzione di mRNA che ciascuna cellula, pur presentando lo stesso DNA delle altre cellule dell'organismo, acquisisce la propria specializzazione e il proprio grado di differenziamento.

L'rRNA rappresenta quella frazione di RNA, anch'essa sintetizzata nel nucleolo, che forma lo scheletro dei ribosomi. Questi organuli citoplasmatici, addetti alla produzione delle catene polipeptidiche, si costituiscono nel citoplasma per la giustapposizione di due sub-unità di differenti dimensioni, dalla forma grossolanamente rotondeggiante, risultato della particolare organizzazione spaziale dell'rRNA. Il punto di contatto tra queste due strutture costituisce il sito in cui l'mRNA viene posizionato per essere letto.

Intercalato tra le due formazioni, il filamento di mRNA si presenta ben disteso e può esporre la sequenza nucleotidica di cui si compone, che viene riconosciuta dai tRNA. I vari aminoacidi trasportati dai rispettivi tRNA vengono pertanto ordinati e legati tra loro in funzione della sequenza dell'mRNA, che rispecchia la disposizione dettata dal DNA che rimane al sicuro nel nucleo.

I tRNA sono acidi nucleici a basso peso molecolare e possono essere definiti gli interpreti del messaggio contenuto nell'mRNA. Grazie a essi avviene la traduzione dell'informazione genetica nelle proteine; essi associano a specifiche sequenze nucleotidiche i differenti aminoacidi. Nei tRNA sono infatti identificabili due importanti siti: l'uno in grado di riconoscere l'mRNA, l'altro di attacco per un aminoacido e rappresentano la chiave di volta del codice genetico.

Il codice genetico è la relazione tra le basi nel DNA (o nei trascritti di mRNA) e la sequenza degli aminoacidi nelle proteine. Alcuni esperimenti di Francis Crick, Sydney Brenner e di altri (1961) stabilirono alcune caratteristiche del codice genetico (Tabella 4.2):

Tabella 4.2 Codice genetico

Prima posizione (5')	Seconda posizione				Terza posizione (3')
	U	C	A	G	
U	Phe	Ser	Tyr	Cys	U
	Phe	Ser	Tyr	Cys	C
	Leu	Ser	Stop	Stop	A
	Leu	Ser	Stop	Trp	G
C	Leu	Pro	His	Arg	U
	Leu	Pro	His	Arg	C
	Leu	Pro	Gln	Arg	A
	Leu	Pro	Gln	Arg	G
A	Ile	Thr	Asn	Ser	U
	Ile	Thr	Asn	Ser	C
	Ile	Thr	Lys	Arg	A
	Met	Thr	Lys	Arg	G

- il codice è a tre basi; a ogni tripletta di nucleotidi sull'mRNA corrisponde una tripletta su di un tRNA che porta uno specifico aminoacido. Un codice a una singola base può specificare solo per quattro aminoacidi (in natura ne esistono venti), uno a due basi solo per sedici aminoacidi, mentre un codice a tre basi consente di determinare ben 64 aminoacidi;
- il codice non è sovrapposto. In un codice non sovrapposto, ciascun gruppo di tre basi in una sequenza ABCDEF... specifica soltanto per un aminoacido; ABC specifica per il primo, DEF per il secondo e così via. Se il codice fosse sovrapposto, ABC specificherebbe per il primo aminoacido BCD per il secondo CDE per il terzo...;
- la sequenza di basi viene letta in sequenza dal punto di partenza. Non vi sono basi mute (virgole) tra le triplette.

Ogni tRNA presenta una sequenza di tre nucleotidi (anticodone) capace di riconoscere una tripletta complementare dell'mRNA (codone) quando questa viene esposta sui ribosomi. Le combinazioni che possiamo avere, considerando triplette delle quattro basi azotate, sono ben 4^3 (64) e determinano una certa variabilità di anticodoni e quindi un elevato numero di differenti tRNA, ciascuno corrispondente a un preciso aminoacido.

Tre di queste triplette però non codificano per un aminoacido, ma rappresentano un segnale di stop per la sintesi della catena proteica.

Poiché vi sono venti aminoacidi e 61 triplette che li codificano, è evidente che il codice risulta degenere o ridondante: molti aminoacidi sono designati da più di una tripletta. Ciò nonostante, il codice non è ambiguo, un codone designa sempre e solo un aminoacido, codoni differenti che specificano lo stesso aminoacido sono detti sinonimi. La maggior parte dei sinonimi differisce solo per la base in terza posizione.

Il significato biologico della degenerazione del codice potrebbe essere quello di minimizzare gli effetti delle mutazioni. Se non vi fossero sinonimi, vorrebbe dire che venti triplette codificherebbero per gli aminoacidi e le restanti quarantaquattro sarebbero tutti segnali di stop. Quindi sarebbe più alta, di quanto lo sia in realtà, la possibilità che una mutazione porti alla fine di una catena aminoacidica. Le mutazioni che portano all'interruzione della catena producono, in genere, proteine inattive, mentre la sostituzione di un aminoacido con un altro (ammesso che avvenga, considerando l'esistenza dei sinonimi) può non avere alcun effetto sulla conformazione e sulla funzione della proteina prodotta.

4.2.1
Trascrizione

Con il termine trascrizione si indica il processo mediante il quale si produce una molecola di RNA messaggero sullo stampo di una catena di DNA. La trascrizione del DNA è attiva durante tutti i momenti dell'interfase e corrisponde alla sintesi di una molecola di RNA, a partire da un solo filamento di DNA, che non sia eterocromatina, in quanto il DNA dell'eterocromatina non viene trascritto perché non contiene sequenze di geni (eterocromatina costitutiva) o perché contiene sequenze di geni inattivi (eterocromatina facoltativa). Solo il DNA dell'eucromatina viene trascritto.

Anche nel caso della trascrizione, come per la replicazione del DNA, la reazione può procedere solo se il DNA è reso accessibile, quindi le due eliche di DNA devono srotolarsi e separarsi.

Soltanto una delle due eliche di DNA viene trascritta in RNA. Questa elica è detta elica stampo. Se tutte e due le eliche di DNA di un gene venissero trascritte in molecole di RNA, ogni gene produrrebbe due RNA con sequenze tra loro complementari che tenderebbero ad appaiarsi e, qualora venissero tradotte, darebbero origine a due proteine molto diverse. La reazione di polimerizzazione dell'RNA avviene così come la duplicazione del DNA esclusivamente in direzione 5'→3' a opera dell'RNA polimerasi.

Nei nuclei delle cellule eucariotiche esistono tre RNA polimerasi con funzioni diverse:

la RNA polimerasi I trascrive tre dei quattro rRNA, la RNA polimerasi II trascrive gli mRNA, mentre la RNA polimerasi III trascrive il quarto rRNA e i tRNA.

Sequenze promotrici e terminatrici stabiliscono rispettivamente dove debba cominciare e finire la trascrizione.

Il promotore per i geni che codificano proteine è localizzato a monte (5') rispetto al punto d'inizio della trascrizione ed è costituito da combinazioni diverse di vari elementi. Fattori trascrizionali specifici e fattori regolatori si legano a questi elementi e regolano l'inizio della trascrizione da parte della RNA polimerasi II. Il promotore contiene spesso sequenze ripetute (per esempio, TATAbox, CCATbox) che hanno un ruolo nel controllo della quantità di trascritto che deve essere prodotto. Nella zona promotrice che precede strettamente la regione codificante è presente un nucleotide modificato (7-metil guanosina) che serve da ancoraggio per l'RNA polimerasi. Questo nucleotide prende il nome di *cap site* e rappresenta il punto di partenza della trascrizione.

In posizione più distale rispetto al promotore, si trovano delle sequenze *enhancer* (intensificatori), che hanno la funzione di amplificare la trascrizione dell'RNA. Spesso le *enhancer* sono molto distanti dal tratto di DNA che deve essere trascritto e sono in grado di funzionare anche se invertite. Esistono *enhancer* tessuto specifiche, capaci cioè di aumentare la produzione di uno specifico trascritto (quindi di una proteina) solo in determinati tessuti.

I promotori dei geni trascritti dalla RNA polimerasi III sono localizzati all'interno della sequenza genica codificante e consistono in combinazioni diverse di dominî funzionali, caratteristici per la classe di RNA che viene trascritta.

Questi dominî vengono riconosciuti dai fattori trascrizionali, che facilitano l'inizio della trascrizione della RNA polimerasi.

Gli rRNA 18S, 5.8S e 28S vengono trascritti dalla RNA polimerasi I in un'unica unità trascrizionale, producendo una singola molecola di RNA precursore. La maggior parte degli eucarioti ha le unità trascrizionali ripetute in serie, separate da una sequenza spaziatrice non trascritta (*nontranscribed spacer*, NTS). Il promotore per l'unità trascrizionale è localizzato nell'NTS al quale si legano fattori trascrizionali specifici, che facilitano l'inizio della trascrizione dell'RNA polimerasi I.

Il promotore, così come l'*enhancer*, non viene trascritto.

La sintesi del trascritto di RNA si arresta a livello di determinati siti della molecola del DNA, che costituiscono i segnali di termine della lettura. Alla fine della lettura, la molecola di RNA e la RNA polimerasi DNA dipendente si allontanano dal DNA. L'mRNA neosintetizzato rimane libero nel nucleo. Si ricordi che la trascrizione del DNA non porta solo alla formazione di mRNA, che è una copia del gene, ma anche alla sintesi di rRNA e di tRNA, che sono indispensabili alla traduzione dell'mRNA, ma che non vengono tradotti in proteine.

Prima di essere utilizzati, i vari RNA vanno incontro a modificazioni post-trascrizionali. Per esempio, l'rRNA, che si forma nel nucleolo sotto forma di un'unica lunga molecola: rRNA 45S, subito dopo essere stato trascritto, viene metilato a opera di metilasi e viene scisso da endonucleasi, passando alle forme 16S, 23S e 5S. L'mRNA viene poliadenilato; i trascritti primari degli eucarioti sono dapprima tagliati da endonucleasi specifiche che riconoscono la sequenza AAUAAA, successivamente una poli A polimerasi aggiunge all'estremità 3' una sequenza di circa 250 adenine. Tale sequenza sembra avere la funzione di proteggere la molecola di mRNA dalla digestione da parte delle nucleasi. La vita di una molecola di mRNA è determinata in parte dalla velocità di degradazione della sua coda di poli(A).

Lo *splicing* è un processo che porta alla maturazione del mRNA primario. Tale processo, come già detto, consente di escludere dall'mRNA le porzioni introniche che non contengono le informazioni per la formazione della proteina. Tale processo deve essere molto accurato perché l'errore anche di un solo nucleotide nel punto di *splicing* sposterebbe il quadro di lettura delle triplette dando origine a una sequenza aminoacidica molto diversa da quella prevista per la specifica proteina. Confrontando molte sequenze introniche, si è evidenziato che in tutti gli eucarioti la sequenza delle basi di un introne inizia con GU e termina con AG. Importante per lo *splicing* è anche un sito detto di ramificazione situato a 20-50 nucleotidi a monte del sito di splicing in 3'. Il 2'-OH di un'adenina del sito di ramificazione attacca il sito di *splicing* 5' così da formare un intermedio a cappio. Il gruppo 3'-OH dell'esone appena prodotto attacca il sito di *splicing* in 3' così da unirsi all'esone a valle. Lo *splicing* dei precursori degli mRNA è catalizzato da spliceosomi, piccole particelle ribonucleoproteiche nucleari in cui dei piccoli RNA nucleari formano il centro attivo.

Alcune molecole di RNA subiscono *auto-splicing*, ossia non richiedono l'intervento degli spliceosomi (RNA ribisomale di Tetrahymena, un protozoo ciliato). Questo ha portato a ipotizzare (Thomas Cech, 1983) che lo *splicing* catalizzato dagli spliciosomi possa essere evoluto a partire dall'auto-splicing e che l'RNA possa avere anche una funzione catalitica tipica degli enzimi e quindi delle proteine.

La scoperta del potere catalitico dell'RNA ha importanti implicazioni per quanto riguarda l'evoluzione molecolare: sembra infatti probabile che la prima molecola organica a comparire possa essere l'RNA in quanto, oltre a poter essere depositaria dell'informazione genica (esistono virus il cui patrimonio genico non è costituiti da DNA, ma da RNA), può avere anche un potere catalitico.

Uno stesso trascritto primario può dare origine a differenti mRNA maturi (Fig. 4.3).

Questo fenomeno deriva dal fatto che possono avvenire *splicing* alternativi di uno stesso trascritto primario che differiscono per il numero e/o la lunghezza degli esoni che li compongono anche in questo caso i siti di *splicing* sono caratterizzati dalla presenza di sequenze nucleotidiche ben precise.

Solo negli ultimi decenni sono stati scoperti anche altri tipi di RNA come i miRNA o i

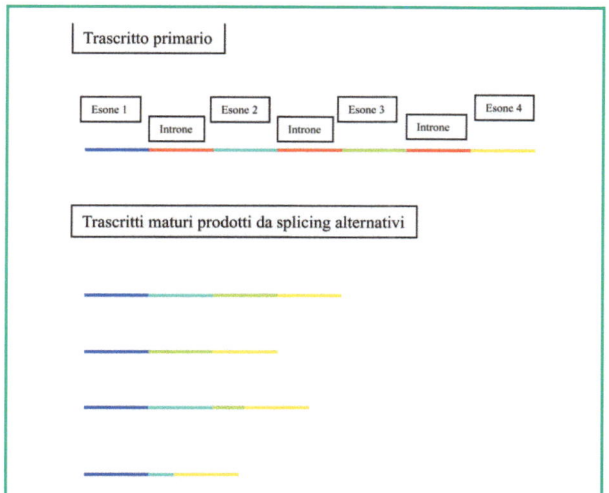

Fig. 4.3 Schema di possibili *splicing* alternativi

siRNA; si tratta di piccole molecole di RNA di 20-22 nucleotidi che svolgono diverse funzioni, la più nota attualmente è l'inibizione della traduzione dei mRNA loro bersaglio.

4.3
Le proteine

Le proteine sono composti che, per le loro peculiari caratteristiche, fanno parte di tutte le strutture viventi e intervengono in tutte le funzioni dell'organismo. Le proteine sono molecole organiche costituite da una o più catene di aminoacidi.

L'aminoacido è un composto organico solubile in acqua costituito da un atomo di carbonio centrale (detto α) a cui si legano un gruppo carbossilico COOH, un gruppo aminico -NH2, un atomo di idrogeno e un gruppo chimico detto radicale o gruppo R.

Il gruppo R, che varia da un aminoacido all'altro e conferisce a ciascun aminoacido le sue proprietà fisico chimiche specifiche (Fig. 4.4). Poiché le proteine hanno una sequenza e una frequenza di aminoacidi diversa, l'organizzazione dei gruppi R conferisce alle diverse proteine strutture e proprietà funzionali peculiari.

In natura sono presenti 20 aminoacidi che vengono suddivisi in sottogruppi, a seconda che il gruppo R sia acido (per esempio l'acido aspartico), basico (lisina), neutro polare (leucina) o neutro non polare (serina) (Tabella 4.3 e Fig. 4.5).

Il carbonio in posizione α, fatta eccezione per la glicina, è asimmetrico in quanto lega quattro gruppi diversi; quindi per ogni aminoacido possono esistere due isomeri che si designano come forme D- e L-, destrogira e levogira.

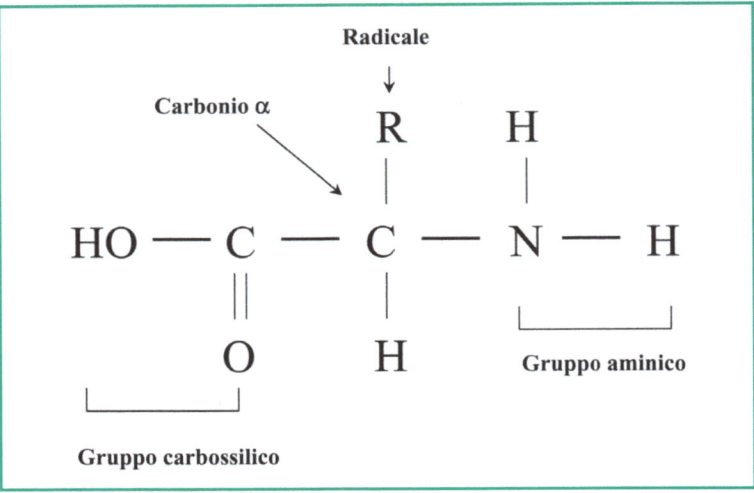

Fig. 4.4 Struttura generale dell'aminoacido

Tabella 4.3 Sottogruppi degli aminoacidi e loro codici a singola e tripla lettera

Polari carichi negativamente		
Acido aspartico	Asp	D
Acido glutammico	Glu	E
Aminoacidi non polari		
Glicina	Gly	G
Alanina	Ala	A
Isoleucina	Ile	I
Valina	Val	V
Leucina	Leu	L
Fenilalanina	Phe	F
Prolina	Pro	P
Metionina	Met	M
Polari neutri		
Asparagina	Asn	N
Glutammina	Gln	Q
Treonina	Thr	T
Serina	Ser	S
Triptofano	Trp	W
Tirosina	Tyr	Y
Cisteina	Cys	C
Polari carichi positivamente		
Istidina	His	H
Arginina	Arg	R
Lisina	Lys	K

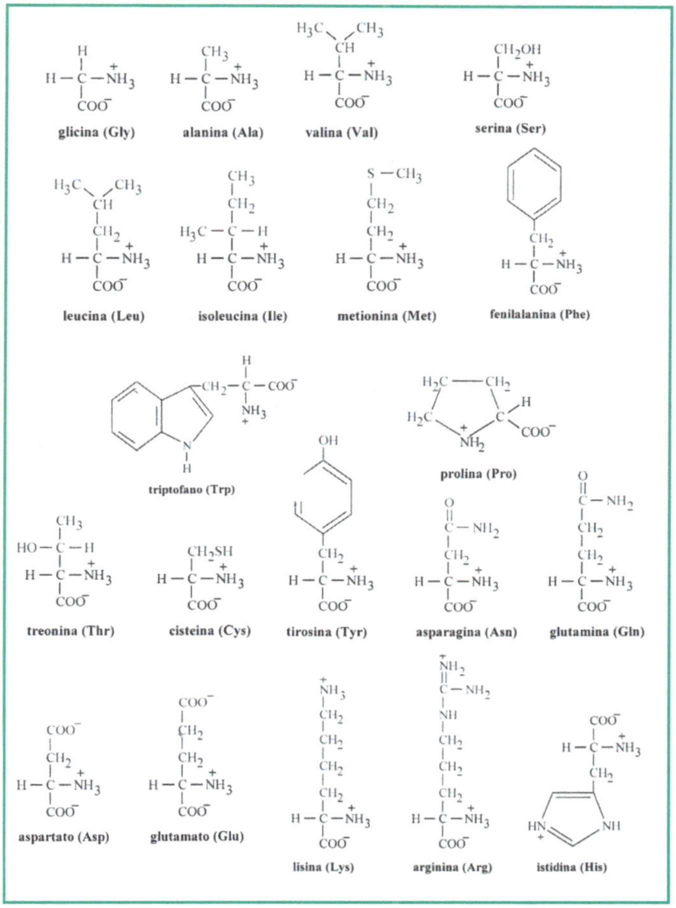

Fig. 4.5 Struttura degli aminoacidi

Nelle proteine naturali gli aminoacidi sono sempre presenti nella forma L, mentre le forme D sono presenti in alcuni piccoli polipeptidi elaborati da microrganismi.

Gli aminoacidi sono sostanze anfotere, in quanto contengono almeno un gruppo funzionale acido −COOH e uno basico −NH2. In soluzione acquosa, possono presentarsi come cationi (+), anioni (-) e anfioni. Questi ultimi sono dotati di un numero uguale di cariche positive e negative. A pH molto acidi, il gruppo carbossilico non è ionizzato (-COOH) mentre lo è il gruppo aminico (NH3+); al contrario a pH molto basici è il gruppo carbossilico a essere ionizzato (-COO-) e non l'aminico (-NH2). A pH neutro, in genere, gli aminoacidi si presentano in forma dipolare con il gruppo aminico protonato (NH3+) e il carbossilico dissociato (-COO-).

Generalmente gli aminoacidi sono indicati con simboli a tre lettere, ma di recente è stato proposto un sistema di simboli a una sola lettera (Tabella 4.3).

Gli aminoacidi di un polipeptide sono tenuti insieme da un legame peptidico: si tratta di un legame covalente che unisce il gruppo carbossilico di un aminoacido al gruppo aminico di un altro aminoacido. Un polipeptide, quindi, è una molecola lineare, non ramificata, che contiene normalmente 100 o più aminoacidi legati tra loro da legami peptidici.

Un polipeptide consiste di una parte che si ripete regolarmente, chiamata catena principale o ossatura, e di una parte variabile che comprende i residui R di ogni aminoacido.

Ogni polipeptide ha un gruppo aminico libero a un'estremità detta estremità N o aminoterminale e all'altra estremità, chiamata estremità C o carbossiterminale, un gruppo carbossilico libero.

I polipeptidi hanno dunque una polarità: per convenzione l'estremità N viene definita come l'inizio della catena polipeptidica, dato che il polipeptide viene sintetizzato dall'estremità N-terminale e si allunga procedendo verso l'estremità C-terminale.

Oltre agli aminoacidi costituenti le proteine, nelle cellule sono presenti aminoacidi liberi che formano il pool degli aminoacidi. Essi derivano dalla demolizione delle proteine o da processi di assorbimento dal mezzo intercellulare.

4.3.1
Struttura delle proteine

a) Struttura primaria

Una proteina, così come un peptide, è formata da una lunga catena di aminoacidi, detta sequenza aminoacidica, in cui i monomeri sono uniti fra loro da un legame peptidico. Tale legame, detto anche carboamidico, si forma come già detto per condensazione del gruppo carbossilico di un aminoacido con il gruppo aminico del successivo.

La formazione del legame peptidico richiede dispendio energetico con intervento di enzimi specifici, mentre l'idrolisi di tale legame è termodinamicamente favorita. Gli atomi costituenti il legame peptidico si trovano sullo stesso piano e ciascun legame peptidico è unito tramite il carbonio α al piano del legame successivo. La catena polipeptidica può quindi ripiegarsi nello spazio solo mediante rotazioni attorno ai legami del carbonio α.

La sequenza degli aminoacidi nella catena polipeptidica rappresenta la struttura primaria, specifica per ogni proteina. Con 20 aminoacidi può formarsi un numero pressoché infinito di strutture primarie, così come con le 21 lettere dell'alfabeto è possibile costruire un numero illimitato di parole.

La struttura primaria, cioè il tipo e sequenza degli aminoacidi, condiziona la configurazione spaziale e la forma globale della molecola, dalle quali dipendono le proprietà biologiche.

L'analisi strutturale di alcune proteine, come l'insulina, ha permesso di dimostrare che, mentre la sostituzione anche di un solo aminoacido in certi punti della molecola porta alla completa inattivazione funzionale della proteina, sostituzioni in altre posizioni possono non avere alcun effetto sulla funzionalità della molecola stessa o possono avere effetti di minore rilevanza. Questo indica che le funzioni di una proteina dipendono sia dalle caratteristiche chimico-fisiche dei suoi costituenti sia dalla loro posizione all'interno della molecola, che può essere determinante per la configurazione assunta nello spazio dalla catena polipeptidica.

Dopo la sintesi di una catena aminoacidica, i suoi componenti possono essere modificati, conferendo, così, alla catena nuove proprietà. Per esempio, il gruppo N-terminale di molte proteine viene acetilato. L'acetilazione rende queste proteine più resistenti alla degradazione. Molti residui di prolina del collagene vengono idrossilati stabilizzando la fibra di collagene. La maggior parte delle proteine di secrezione, come gli anticorpi, possiede unità di carboidrati legati a specifici gruppi di asparagina. L'aggiunta di uno zucchero a una proteina la rende più idrofilica, mentre l'aggiunta di un acido grasso la rende più idrofobica.

La fosforilazione è un'altra modificazione che permette di regolare il funzionamento di alcuni enzimi.

b) Struttura secondaria

I legami responsabili della formazione di una catena polipeptidica, cioè della struttura primaria, sono sempre legami covalenti.

Come si è detto a proposito del legame peptidico, soltanto il gruppo carboamidico, interessato dal legame, è situato su un piano fisso, mentre le restanti parti della molecola possono avere un certo grado di libertà rotazionale nello spazio. Ovviamente, tale grado di libertà è condizionato dall'energia cinetica del complesso molecolare che può quindi variare continuamente di forma, assumendo varie strutture: elicoidale, casuale, *random coil*. Normalmente, però, la configurazione molecolare viene stabilizzata in un assetto definitivo, detto appunto struttura secondaria, dall'instaurarsi di legami deboli a idrogeno che si esercitano fino a distanze di circa 0,3 nm.

Se gruppi CO e NH, appartenenti ad aminoacidi diversi e impegnati nel legame peptidico, si trovano a distanze che rientrano in tale ordine di grandezza, può stabilirsi il legame a idrogeno che rende stabile la conformazione della catena proteica.

A causa della rigidità dei legami peptidici, è possibile soltanto un numero molto limitato di strutture secondarie regolari, di cui le principali sono:

Configurazione tipo α-elica. La struttura secondaria più frequentemente assunta dalla catena polipeptidica è rappresentata da un avvolgimento a spirale detto appunto α-elica. La catena polipeptidica principale è strettamente avvolta e le catene laterali, costituite dai residui R, si estendono verso l'esterno in una disposizione a elica. L'α elica è stabilizzata da legami idrogeno che si formano tra il gruppi CO di un aminoacido e NH dell'aminoacido che si trova quattro residui più avanti nella sequenza lineare. Tutti e solo i gruppi CO e NH della catena principale sono uniti da legami idrogeno nel formare l'α-elica. Ogni carbonio α della proteina è spostato di 0,15 nm (1,5 Å) rispetto al precedente lungo l'asse dell'elica e forma con esso un angolo di 100°. Questo implica che vi siano 3,6 residui aminoacidici per ogni giro dell'elica. Aminoacidi che, nella struttura primaria, sono separati da tre o quattro residui risultano in realtà molto più vicini nell'α-elica. Al contrario, aminoacidi che si trovano separati da soli due residui nella sequenza lineare si trovano su lati opposti dell'elica ed è altamente improbabile che entrino in contatto tra loro. La spirale ha un passo ben preciso: 5,4 Å (0,54 nm). Il diametro che assume la molecola così avvolta è di circa 1 nm, compresi i residui (R) che sporgono lateralmente alla spirale. Il senso di avvitamento dell'elica può essere sia destrogiro che levogiro, anche se tutte le eliche trovate nelle proteine naturali sono destrogire. La percentuale di contenuto in α-elica di una proteina è molto variabile. Esistono proteine quasi esclusivamente ad α-elica (il 75% nella mioglobina) e proteine che ne sono praticamente prive (chimotripsina, un enzima digestivo). Le strutture ad α-elica sono normalmente lunghe meno di 45 Å (4.5 nm). Tuttavia due o più α-eliche possono avvolgersi l'una sull'altra a formare strutture molto stabili e lunghe anche più di 1000 Å (100 nm). Queste eliche superavvolte si trovano nella miosina e nella tropomiosina delle cellule muscolari, nella cheratina dei capelli, nella fibrina dei coaguli. Il ruolo di questa struttura è quello di conferire alla proteina resistenza e un certo grado di rigidità.

Configurazione β a foglietto ripiegato. Pauling e Corey, nel 1951, scoprirono un'altra struttura periodica che chiamarono foglietto ripiegato β (β perché era la seconda struttura che avevano scoperto; la prima era stata l'α-elica). Ogni catena polipeptidica facente parte di un foglietto ripiegato β, è chiamata struttura β. La struttura β, invece di essere avvolta come quella dell'α-elica, risulta quasi completamente stesa. La distanza tra i carboni di due aminoacidi contigui è di 3,5 Å (0,35 nm) invece di 1,5 Å (0.15 nm) dell'α-elica. Un'altra sostanziale differenza tra le due strutture è il fatto che nella struttura β i legami idrogeno coinvolgono gruppi CO e NH di catene peptidiche diverse. Se le catene impegnate con legami idrogeno hanno la stessa direzione, il foglietto viene detto foglietto β parallelo; per contro, se hanno direzione opposta, il foglietto prende il nome di β antiparallelo.

In tal modo si forma una struttura pieghettata a fisarmonica, con i legami peptidici posti su un piano e i gruppi laterali degli aminoacidi che sporgono al di sopra e al di sotto di tale lamina pieghettata.

La maggior parte delle proteine ha una forma globulare compatta a causa dei numerosi cambiamenti di direzione delle sue catene polipeptidiche. Molte delle inversioni sono dovute a un motivo strutturale, il ripiegamento β. Questo ripiegamento risulta molto simile a una forcina per capelli dovuta all'instaurarsi di un legame idrogeno tra un gruppo CO e un gruppo NH di un residuo che dista tre posizioni.

Configurazione a triplice elica. Si tratta di un tipo particolare di struttura tipica del collagene, la proteina più abbondante nei mammiferi.

Il collagene è il composto fibroso principale della pelle, dei tendini, delle ossa e della cartilagine. La sequenza aminoacidica del collagene è particolare: ogni tre residui, uno è rappresentato dalla glicina. Anche la prolina risulta più abbondantemente presente che non nelle altre proteine, è presente la 4-idrossiprolina che si trova raramente altrove. Il collagene è una molecola a forma di bastoncino, lunga circa 3000 Å (300 nm) e con un diametro di 15 Å (1,5 nm), formata da tre eliche, il cui andamento è completamente diverso da quello dell'α-elica. Non sono presenti legami idrogeno all'interno di ogni singola catena. Ciascuna delle tre eliche è stabilizzata dalla repulsione sterica che si instaura tra gli anelli pirrolidinici dei residui di prolina e idrossiprolina. L'elica che ne risulta appare, quindi, molto più aperta rispetto all'α-elica. Le tre eliche si avvolgono tra loro a formare una sorta di cavo, elicoidale a passo regolare di 9,3 Å (0,93 nm) e ad andamento sinistrorso. Le tre catene sono unite tra loro mediante legami idrogeno in cui sono coinvolti anche i gruppi ossidrilici dell'idrossiprolina. La parte interna del cavo della tripla elica risulta particolarmente affollato dalle catene laterali degli aminoacidi e l'unico residuo che può adattarsi a occupare la posizione interna è la glicina, mentre i residui ingombranti della prolina e dell'idrossiprolina sono sempre rivolti verso l'esterno.

In conclusione, la struttura secondaria di una proteina è determinata da un complesso di fenomeni sterici che porta la molecola ad assumere una conformazione definita mediante la formazione del massimo numero di legami a idrogeno tra gruppi CO e NH dei legami peptidici.

c) Struttura terziaria

La configurazione spaziale di moltissime proteine si presenta più complessa di quella determinata dalla loro struttura secondaria. Anche la configurazione terziaria non è casuale, ma tanto determinata da rendere possibile la cristallizzazione della proteina stessa.

La struttura terziaria viene determinata non solo da legami a idrogeno tra i gruppi peptidici, ma da una serie di altri legami di varia natura che si instaurano tra i radicali degli aminoacidi e tra questi e il solvente, rappresentato dall'acqua, e i soluti in essa disciolti. In genere, tali legami sono deboli, ma sono presenti in gran numero, per cui il loro contributo può essere tale da stabilizzare la struttura più di un legame covalente.

Le interazioni più frequenti che determinano la struttura terziaria sono:
- legami di tipo ione-ione e ione-dipolo che si instaurano tra residui ionizzati di aminoacidi acidi e basici, oppure tra questi residui e l'acqua o gli ioni in essa disciolti;
- legami dipolo-dipolo (legami a idrogeno) tra gruppi delle catene laterali di alcuni aminoacidi;
- forze di Van der Waals, dovute ad attrazioni elettrostatiche temporanee di dipoli indotti;
- interazioni non polari che hanno luogo tra residui idrofobici;
- ponti disolfuro che si instaurano tra gli atomi di zolfo di due residui di cisteina stabilizzando la struttura terziaria.

Le proprietà chimico-fisiche e biologiche di una proteina dipendono dall'integrità della struttura terziaria.

Le reazioni chimiche mediate da enzimi, ormoni, anticorpi, non dipendono tanto da interazioni forti, come quelle che intervengono tramite legami ionici e covalenti, ma dalle numerosissime interazioni deboli che rendono possibile il riconoscimento di superfici molecolari complementari e richiedono quindi una localizzazione precisa dei gruppi che debbono intervenire nella reazione.

Infatti, per questa ragione, anche la sostituzione di un singolo aminoacido che alteri la struttura di una proteina può modificarne completamente la funzionalità

d) Struttura quaternaria

Alcune proteine sono costituite da più catene polipeptidiche, dette subunità, associate tra loro a formare un complesso proteico dotato di una definita struttura spaziale, la struttura quaternaria.

Molte proteine presentano struttura quaternaria poiché sono costituite da monomeri proteici che, presi singolarmente, non sono funzionalmente attivi, ma se si trovano associati formano un complesso proteico completo dotato di attività funzionale.

L'emoglobina e la mioglobina sono tipici esempi di proteine dotate di struttura quaternaria. Tali molecole sono costituite da quattro catene polipeptidiche, due a due uguali, denominate α-globine e β-globine. Ogni globina ha una caratteristica struttura terziaria che consente di accogliere, in un incavo profondo, un gruppo tetrapirrolico contenente il ferro, detto eme, capace di legare l'ossigeno. Tale gruppo risulta sempre unito con legami ionici alla catena polipeptidica, mentre lo ione ferroso bivalente dell'eme è legato, oltre che con l'azoto dei quattro nuclei pirrolici, anche con l'azoto di un residuo istidinico.

4.3.2
Funzione delle proteine

Le proteine hanno un ruolo fondamentale in tutti i processi biologici e possono avere funzionalità differenti:

Catalisi enzimatica. Quasi tutte le reazioni chimiche nei sistemi biologici per realizzarsi devono essere catalizzate. Il catalizzatore in una reazione chimica è quell'elemento che, pur non intervenendo direttamente nella reazione (non è né un reagente né un prodotto), permette alla reazione stessa di avvenire. Gli enzimi sono proteine specifiche che permettono alle reazioni biologiche di aver luogo con una velocità aumentata anche più di un milione di volte.

Trasporto e deposito. Molte molecole e alcuni ioni vengono trasportati da proteine specifiche. Esempio tipico è il trasporto dell'ossigeno, che avviene nel sangue a opera dell'emoglobina e nei muscoli a opera della mioglobina.

Movimento. Le proteine sono la componente principale del muscolo, che si contrae proprio grazie allo scorrimento di due filamenti proteici: quello di actina e quello costituito da miosina. Movimenti sempre imputabili a proteine sono quelli che permettono la separazione dei cromosomi nella mitosi e il movimento degli spermatozoi per mezzo dei flagella.

Sostegno meccanico. La resistenza delle ossa e della pelle è determinata dalla presenza di una proteina fibrosa: il collagene.

Risposta immunitaria. Gli anticorpi sono proteine altamente specifiche che riconoscono e attaccano sostanze estranee all'organismo.

Produzione e trasmissione di impulsi nervosi. La risposta a stimoli esterni da parte di cellule nervose è mediata da proteine, così come lo è la trasmissione del segnale attraverso le sinapsi, le giunzioni tra le cellule nervose.

Controllo della crescita e del differenziamento. Negli organismi superiori, la crescita e il differenziamento sono controllati da fattori di crescita proteici (gli ormoni) che determinano in che misura deve crescere un tipo di cellula e quali geni deve esprimere, ovvero che tipo di cellula deve essere.

4.3.3
Sintesi proteica

Come già accennato, una proteina viene sempre sintetizzata a partire dal terminale amminico, mediante aggiunta successiva di aminoacidi al terminale carbossilico della catena in fase di crescita.

La sintesi proteica avviene in tre passaggi: inizio, allungamento e termine.

L'inizio è dato dal legame del tRNA iniziatore al segnale di inizio sull'mRNA, dove è posizionata la sub-unità minore del ribosoma. La tripletta che caratterizza l'inizio della sintesi proteica è AUG, che codifica per una metionina. Il tRNA iniziatore occupa il sito P (peptidico) su un ribosoma e ne promuove l'assemblamento. L'allungamento inizia quando un altro tRNA carico del suo specifico aminoacido si lega al sito detto A (aminoacidico) del ribosoma. In questo modo, si forma un legame peptidico tra il gruppo aminico dell'aminoacido portato dal tRNA posizionato nel sito A e il gruppo carbossilico dell'aminoacido trasportato dal tRNA del sito P. Il di-peptide formatosi scivola quindi dal sito A al sito P, lasciando il sito A libero per l'accesso di un nuovo tRNA con il relativo aminoacido; il tRNA iniziatore, privo del proprio aminoacido, viene rilasciato. Contemporaneamente, avviene anche lo scivolamento dell'mRNA che presenta così la tripletta successiva al sito A. La terminazione avviene quando viene letto un segnale di stop sull'mRNA a cui segue il rilascio della catena peptidica completa dal ribosoma e il disassemblamento del ribosoma stesso.

Letture consigliate

Alberts B, Bray D, Lewis L, Raff M et al (2004) Biologia molecolare della cellula. Bologna, Zanichelli
Baynes J, Dominiczak MH (2000) Biochimica per le discipline biomediche. Torino, UTET
Berg P, Singer M (1993) Geni e genomi. Bologna, Zanichelli
Branden C, Tooze J (1993) Introduzione alla struttura delle proteine. Bologna, Zanichelli
Cohen SN (1975) La manipolazione dei geni. Le Scienze, 87:29-38
Cooper JM (1998) La cellula, un approccio molecolare. Bologna, Zanichelli
Koruberg TA (1992) Baker Replication. WH Freeman, New York, 2° edizione
Lehninger AL, Nelson DL, Cox MM (2002) Principi di Biochimica. Bologna, Zanichelli, 3° edizione
Lewin B (2004) Genes VIII. Pearson Prentice, Hall Pearson Education Inc Upper Saddle River, New Jersey
Sadava DE (1997) Biologia Cellulare. Bologna, Zanichelli
Stryer L et al (1996) Biochimica. Bologna, Zanichelli, 4° edizione
Watson JD, Witkowski GM, Zoller M (1994) DNA ricombinante. Bologna, Zanichelli

La mitosi e la meiosi

I. Terruzzi, L. Luzi

5.1
Introduzione

La capacità di accrescersi e riprodursi è una proprietà fondamentale degli organismi viventi e la cellula, la più piccola unità dell'organismo in grado di funzionare in modo autonomo, gode di tale proprietà.

Durante l'accrescimento, la cellula sintetizza nuove molecole quali proteine, acidi nucleici, carboidrati e lipidi che, accumulandosi, causano un aumento del volume cellulare con conseguente espansione della membrana cellulare. L'aumento delle dimensioni della cellula durante l'accrescimento determina una diminuzione del rapporto tra superficie e volume cellulare che limita le capacità di scambi con l'ambiente. Per questo motivo, la crescita cellulare deve essere seguita dalla divisione cellulare in seguito alla quale una cellula dà origine a due nuove cellule figlie le cui dimensioni ristabiliscono le normali capacità di scambio.

Le cellule figlie, che si formano in seguito ai processi di accrescimento e divisione cellulare, sono generalmente duplicati genetici contenenti le stesse sequenze del DNA appartenenti alla cellula madre. Per questo, durante il processo di divisione cellulare, tutte le informazioni genetiche contenute nel nucleo della cellula parentale devono essere attentamente duplicate e distribuite alla generazione successiva. Per garantire questo, la cellula passa attraverso una serie di eventi ordinati, identificati col termine di ciclo cellulare.

5.2
Il patrimonio genetico

Le cellule attingono le informazioni necessarie per differenziare struttura, funzioni e attività da un pacchetto di istruzioni contenute negli acidi nucleici presenti al loro interno, che vengono fedelmente trasmesse da una generazione alla successiva. L'acido desossiribonucleico (DNA) è lo scrigno in cui vengono custodite le informazioni necessarie allo svolgimento della vita ed è riproducendosi sullo stampo del DNA che l'acido ribonucleico (RNA) è in grado di trasferire tali informazioni e tradurle, interagendo con strutture dette ribosomi, nella sintesi di specifiche molecole proteiche responsabili dello svolgimento di tutte le attività cellulari. Il nucleo è la sede degli ingranaggi che muovono la complessa macchina della divisione cellulare e nelle cellule eucariote esso contiene molecole lineari di DNA di enorme lunghezza. Nelle cellule che non sono in divisione, il materiale genetico mostra un livello organizzativo molto semplice in cui la massa filamentosa della doppia elica di DNA dispersa in tutto il nucleo collega tra loro una lunga serie di proteine basiche specifiche (istoni) a formare la cromatina. In essa, il filamento di DNA si avvolge a intervalli regolari attorno a gruppi di otto molecole di istoni a formare le unità strutturali dette nucleosomi che donano alla cromatina il tipico aspetto a collana di perle (Fig. 5.1).

Gli istoni non sono le uniche proteine contenute nella cromatina: un gruppo di proteine neutre o acide non-istoniche sono presenti a ricoprire ruoli enzimatici, strutturali e regolatori. Mano a mano che la cellula si prepara a trasmettere il patrimonio ereditario alle due cellule figlie, l'organizzazione della cromatina si fa più complessa e la struttura inizialmente lassa del complesso DNA-istoni si avvolge sotto la guida dei nucleosomi che rappresentano gli elementi base del proceso di spiralizzazione del materiale nucleico che, a sua volta, dà origine a filamenti di cromatina progressivamente più condensati e superavvolti.

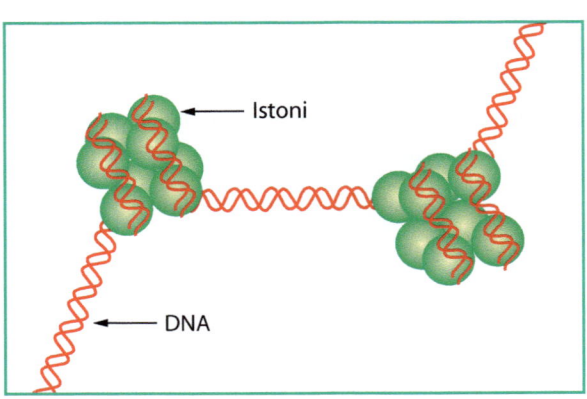

Fig. 5.1 *Struttura del nucleosoma.* Il nucleosoma rappresenta l'unità strutturale della cromatina ed è composto da otto proteine basiche, dette istoni, attorno alle quali si avvolge la doppia elica di DNA. I nucleosomi si dispongono a intervalli regolari lungo i filamenti di cromatina donandole il tipico aspetto a "collana di perle"

Così organizzate, le spirali di DNA si ripiegano a formare domini ad anse e si spiralizzano ulteriormente sino a formare unità compatte dette cromosomi che, grazie alla loro struttura ordinatamente organizzata, potranno essere più facilmente duplicati e ripartiti alle cellule discendenti. Quando la cellula eucariota si prepara alla divisione, contiene un numero più o meno elevato di cromosomi, che assumono una tipica morfologia estremamente costante per ogni specie. Dall'ordine con cui si susseguono le basi all'interno della molecola di DNA dipendono le caratteristiche della specie e dalla modalità con cui vengono distribuiti i cromosomi dipende la trasmissione dei caratteri ereditari. Al momento della divisione, i cromosomi sono costituiti da due sub-unità, identiche per struttura e contenuto genico (cromatidi), che rimangono unite tra loro in corrispondenza di un'unica regione (centromero) a formare due "braccia" le cui estremità sono protette dall'eventuale sfilacciamento grazie alla presenza di un cappuccio (telomero). Il braccio più corto del cromosoma è detto "p" e quello lungo "q" (Fig. 5.2). Ciascuna delle due nuove cellule che origineranno dalla divisione cellulare avrà una e una sola copia del cromosoma originario, che veicola l'informazione che controlla i diversi caratteri

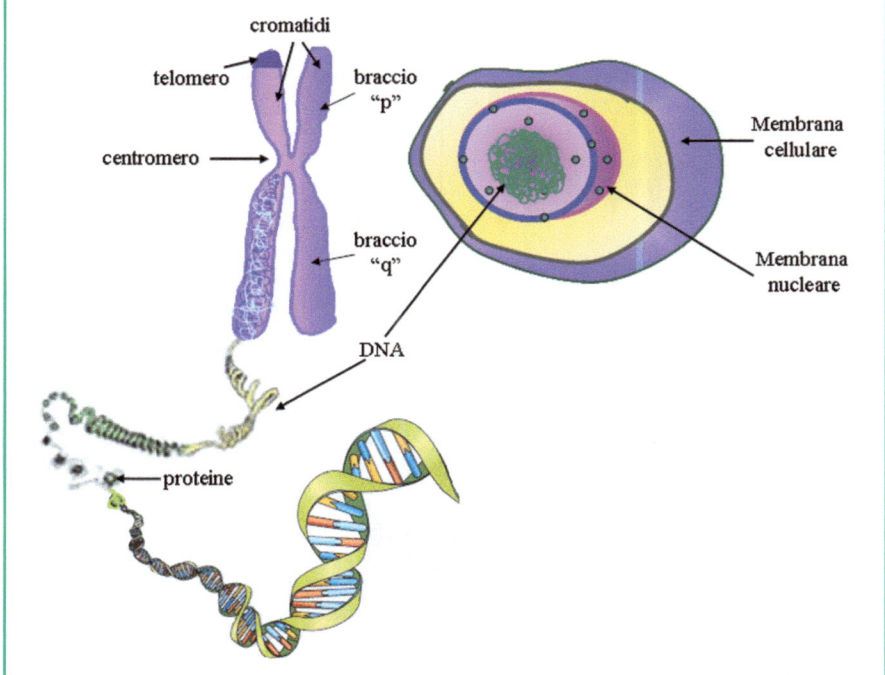

Fig. 5.2 *Materiale genetico della cellula eucariota.* Al momento della divisione, il DNA disperso nel nucleo inizia a organizzarsi in strutture dette cromosomi. Ciascun cromosoma è composto da due cromatidi uniti tra loro mediante il centromero a formare due braccia (p e q), le cui estremità sono protette da una struttura a cappuccio detta telomero

ereditari custodita in unità elementari (geni). L'insieme dei cromosomi presenti in una cellula è detto cariotipo e viene rappresentato ordinando i cromosomi in coppie e classificandoli in base alle loro dimensioni e alla loro morfologia (Fig. 5.3).

Tutti gli organismi della stessa specie hanno un corredo cromosomico costante e tutte le cellule dello stesso organismo contengono lo stesso numero di cromosomi uguali due a due (cromosomi omologhi) e organizzati in coppie, ciascuna formata da un cromosoma derivato dal gamete maschile (paterno) e l'altro dal gamete femminile (materno). Un corredo formato da coppie di cromosomi appaiati è detto diploide (-2n-) e appartiene alle cellule somatiche. Le cellule germinali invece sono caratterizzate da un corredo cromosomico aploide (-n-), cioè dimezzato rispetto a quello delle cellule somatiche, in quanto i cromosomi sono presenti singolarmente e non in coppia. Tutte le cellule somatiche dell'organismo umano possiedono un corredo diploide di 46 cromosomi, suddivisi in 23 coppie, di cui 22 coppie di cromosomi non sessuali (autosomi) e 1 di cromosomi sessuali (eterocromosomi). Ovociti e spermatozoi, essendo cellule sessuali, possiedono un patrimonio aploide composto da soli 23 cromosomi singoli e non in coppia. In particolare ciascun ovocita possiede 22 singoli autosomi e 1 solo cromosoma sessuale che è sempre X. Mentre lo spermatozoo ha 22

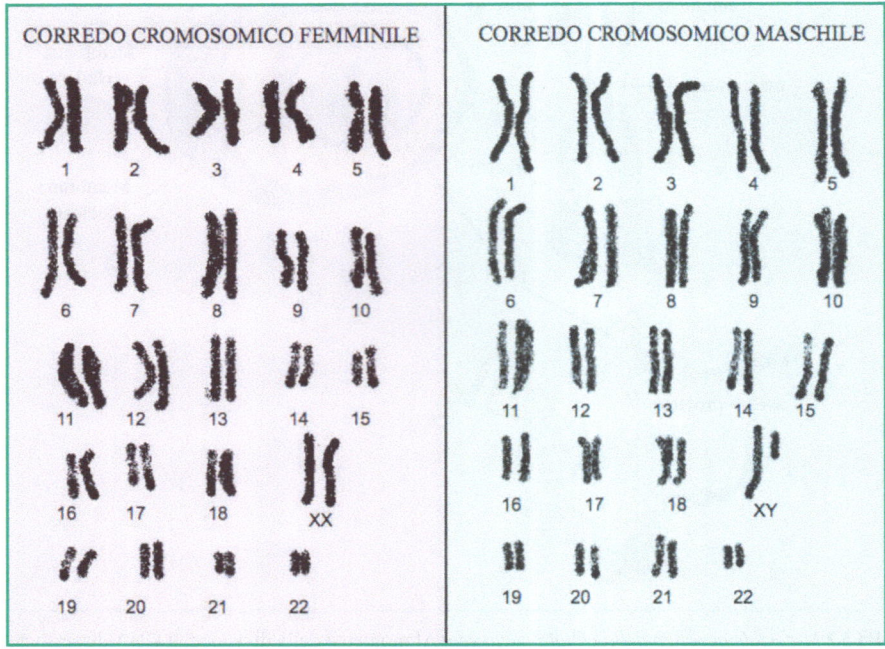

Fig. 5.3 *Cariotipo umano.* Rappresentazione ordinata del corredo cromosomico umano, femminile *(a sinistra)* e maschile *(a destra)* in cui i cromosomi presenti nella cellula vengono ordinati in coppie e classificati in base alla loro morfologia e dimensione

autosomi e un solo cromosoma sessuale che può essere X o Y. Al momento della fecondazione, in seguito alla fusione dell'ovocita con lo spermatozoo, i due patrimoni aploidi di origine paterna e materna si uniscono e la cellula torna a essere diploide. Poiché l'unione dei cromosomi sessuali trasmessi sia dall'ovocita che dallo spermatozoo determina il sesso del nascituro, il cromosoma sessuale maschile X originerà la coppia XX determinante la femmina, mentre il cromosoma sessuale Y la coppia XY determinante il maschio.

5.3
Il ciclo cellulare

Il ciclo vitale della cellula si svolge attraverso una sequenza di eventi diretti da segnali sottoposti a un rigido controllo, provenienti sia dall'ambiente esterno che da quello interno. Essi guidano la cellula entro quello che viene definito ciclo cellulare, ovvero attraverso una serie di fasi in cui la cellula si accresce, svolge la propria attività metabolica e si riproduce. Il ciclo ha inizio quando due nuove cellule si formano dalla divisione di un'unica cellula progenitrice e finisce quando una delle due cellule figlie, superata la fase di accrescimento, si divide a sua volta. È in seguito alla ripetizione di un numero estremamente elevato di cicli che, da un'unica cellula fecondata, ha origine un individuo composto da miliardi di cellule (Fig. 5.4). La fase di crescita chiamata interfase, interposta alle fasi di

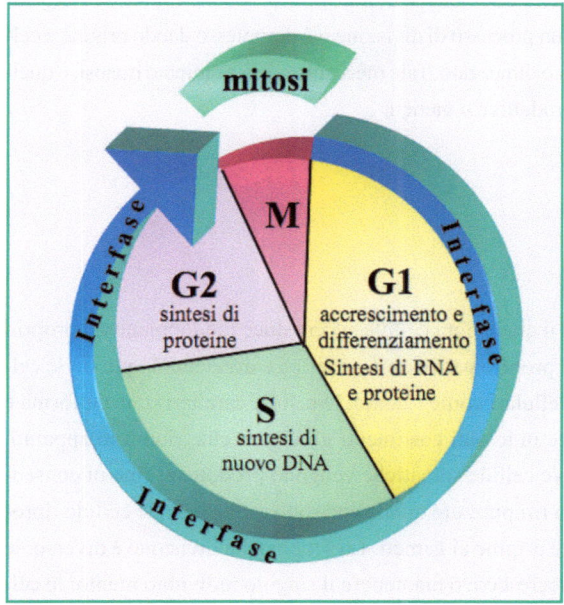

Fig. 5.4 Il ciclo cellulare. Il ciclo cellulare rappresenta una serie finemente controllata di eventi che avvengono in una cellula eucariota tra una divisione cellulare e quella successiva. Esso è suddiviso in due parti fondamentali: l'interfase e la mitosi. L'interfase è costituita da una fase G1 in cui vengono sintetizzati tutti i componenti cellulari, una fase S in cui viene duplicato il materiale genetico e una fase G2 in cui vengono sintetizzati tutti i materiali necessari alla successiva mitosi. La mitosi (fase M) è il processo in seguito al quale i cromosomi duplicati nella fase S vengono segregati nelle due cellule figlie

divisione, è quella in cui la cellula spende la maggior parte del suo tempo (circa il 90% della durata complessiva del ciclo cellulare). In questo periodo la cellula, mediante un'intensa attività metabolica, sintetizza la maggior parte del contenuto cellulare, inclusi gli elementi che le consentono il differenziamento. Durante questo stadio precoce dell'interfase, detto G1 (G = gap, intervallo) la cellula in accrescimento non sintetizza DNA, ma una gran quantità di proteine e organuli, come i mitocondri e i ribosomi, e incrementa gradualmente la propria massa preparandosi ad affrontare il processo di divisione. Lo stadio G1 può avere una durata che varia, a seconda del tipo cellulare, da poche ore (cellule dell'epidermide) ad alcuni giorni (cellule tumorali).

A questo punto, la cellula destinata a dividersi entra nella fase S (S = sintesi), durante la quale l'intero contenuto di DNA del nucleo viene fedelmente duplicato producendo due copie identiche dell'informazione genetica contenuta nella cellula e viene sintetizzata una serie completa di proteine cromosomiche istoniche e non istoniche. Al termine di questa fase, che ha una durata variabile tra 7 e 10 ore, i cromosomi sono doppi: ciascuno di essi è formato da due cromatidi identici. Per la cellula che affronta la fase S, le fasi successive del ciclo cellulare si attivano automaticamente: la replicazione del DNA si blocca e ha inizio lo stadio G2, che occupa una parte relativamente piccola del ciclo cellulare (da 2 a 5 ore). Durante questa fase, sia RNA che proteine vengono attivamente sintetizzate e i cromosomi iniziano a condensarsi per far fronte all'imminente processo di divisione cellulare. Durante l'ultimo stadio del ciclo cellulare (M), che si protrae per 1 o 2 ore, l'informazione genetica viene trasferita alla generazione successiva mediante separazione dei cromosomi nelle cellule figlie. Il processo di segregazione cromosomica avviene nelle cellule somatiche tramite mitosi. Alcune cellule dell'organismo affrontano, durante la fase M, un processo di divisione più complesso dando origine a cellule figlie con un patrimonio genetico dimezzato. Tale meccanismo, denominato meiosi, è quello con cui si formano le cellule riproduttive o gameti.

5.4
Divisione cellulare

È il processo biologico attraverso il quale ogni cellula si riproduce raddoppiando il proprio contenuto cellulare, duplicando il proprio patrimonio genetico e dividendolo poi tra le cellule figlie. Negli organismi pluricellulari come l'uomo, le cellule caratterizzate da forma e funzione comuni sono organizzate in tessuti costituenti gli organi che, riuniti in apparati, formano il corpo (soma). Le nuove cellule somatiche vengono prodotte al fine di consentire la crescita dell'organismo o di rimpiazzare quelle che sono state perse, le cellule riproduttive invece si dividono per dare origine ai gameti. Lo scopo della divisione è diverso: le cellule del soma si dividono per accrescere o mantenere il singolo individuo mentre le cellule riproduttive sono destinate a produrre un nuovo essere vivente. È la divisione cellulare che assicura la moltiplicazione delle cellule coinvolte nella riproduzione asessuata e sessuata e che garantisce il numero di cellule necessario per la sopravvivenza dell'organismo adulto. A un diverso scopo della divisione cellulare corrisponde un diverso modo di riprodursi che differenzia la riproduzione asessuale dalla riproduzione sessuale.

Attraverso il processo mitotico, la cellula madre (diploide) trasmette equamente alle due cellule figlie (diploidi) tutto il suo patrimonio genetico producendo copie identiche a se stessa per morfologia e funzione. La mitosi è il processo su cui si basa la riproduzione asessuale, cioè quella riproduzione che, attraverso la divisione del nucleo (o comunque del materiale nucleare) in due parti uguali e un processo di divisione del citoplasma (citodieresi), trasmette copie esatte di cromosomi dai genitori ai figli producendo un insieme di discendenti, detti cloni, identici all'individuo generante.

Attraverso la meiosi, la cellula madre diploide dà origine a quattro cellule figlie con corredo cromosomico aploide. Durante questo processo di riproduzione sessuale, il materiale cromosomico subisce un processo di scambio (*crossing-over*) e ricombinazione genetica in seguito al quale, contrariamente a quanto accade nella mitosi, le cellule figlie erediteranno patrimoni cromosomici diversi tra loro.

La riproduzione non rappresenta un processo indispensabile per la sopravvivenza dell'individuo, ma è sicuramente l'unico processo in grado di garantire la sopravvivenza della specie.

5.5
Mitosi

5.5.1
Mitosi: strategia di accrescimento e riproduttiva

La mitosi è il processo di riproduzione cellulare mediante il quale una cellula somatica diploide (2n) dapprima raddoppia il proprio contenuto di DNA duplicando ogni singolo cromosoma e successivamente si scinde in due cellule figlie, che ereditano ciascuna una copia del patrimonio genetico materno. Le cellule che ne derivano non solo ereditano lo stesso numero di cromosomi materni, ma risultano geneticamente identiche alla madre e tra loro.

Negli organismi pluricellulari, il processo mitotico coinvolge tutte le cellule somatiche, cioè tutte quelle cellule dell'organismo che non hanno funzione riproduttiva. La caratteristica della mitosi consiste nella capacità delle cellule discendenti da una cellula originaria di risultare geneticamente identiche tra loro e di conservare quindi tutte le proprietà genetiche e morfologiche di quella stessa linea cellulare. L'importanza di questa proprietà è evidente sin dalle prime fasi dello sviluppo embrionale in cui, da un'unica cellula zigote, si originano blastomeri geneticamente identici che esiteranno nella progressiva formazione dello zigote. La mitosi, in questo contesto, rappresenta l'unica modalità di accrescimento che garantisca di conservare in ogni cellula neo-formata le caratteristiche genetiche specifiche di ogni singolo organismo. Ognuna di queste cellule andrà incontro a un processo di differenziamento che permetterà loro di specializzarsi nei diversi tessuti, ma la capacità delle cellule di compiere mitosi e di suddividersi permetterà anche di mantenere costante nell'organismo adulto il numero delle proprie cellule sostituendo continuamente quelle morte o danneggiate.

Diversa è la capacità proliferativa residua delle cellule dell'organismo. Per questo, in tessuti labili come gli epiteli di rivestimento e le mucose, le cellule sono dotate di una notevole attività proliferativa che persiste per tutta la vita dell'individuo mentre, in tessuti perenni come il miocardio o il tessuto cerebrale, perdono le capacità proliferative durante i processi di sviluppo e differenziamento e non sono in grado di rigenerarsi dopo aver subito un danno (ad esempio, infarto del miocardio). Nei tessuti stabili come il fegato, le cellule non sono normalmente in grado di rigenerare, ma riacquistano la capacità di proliferare al verificarsi di un danno.

La mitosi, però, non rappresenta solo una strategia di accrescimento, ma in molti organismi pluri e unicellulari essa rappresenta anche una strategia riproduttiva mediante la quale da un unico organismo si originano nuovi individui. La scissione, ad esempio, comune fra gli organismi unicellulari, è caratterizzata dalla divisione dell'organismo in due o più parti, da ciascuna delle quali si sviluppa un individuo completo. Gemmazione secondo la quale un organismo dà origine per mitosi a un nuovo essere che si accresce a spese di quello che lo ha generato per poi distaccarsi. Scissione e gemmazione sono due condizioni in cui la mitosi viene utilizzata come meccanismo riproduttivo.

Il vantaggio della riproduzione asessuale, rispetto alla riproduzione sessuale, è quello di permettere a una specie di colonizzare un ambiente moltiplicandosi in tempi relativamente rapidi. Poiché questo tipo di riproduzione non prevede un rimescolamento genetico, la popolazione che ne deriva possiede una minore variabilità genetica e quindi una limitata capacità di adattamento rispetto al cambiamento delle condizioni ambientali.

5.5.2
Fasi della mitosi

La mitosi costituisce solo una minima parte dell'intero ciclo cellulare durante il quale le due coppie di ogni cromosoma, costituitesi durante la fase S, vengono separate l'una dall'altra e ripartite tra le due cellule figlie formatesi dopo la scissione del nucleo e del citoplasma della cellula madre. Le modificazioni morfologiche e molecolari a cui va incontro la cellula durante lo svolgimento della mitosi possono essere descritti in cinque fasi successive del processo (Fig. 5.5).

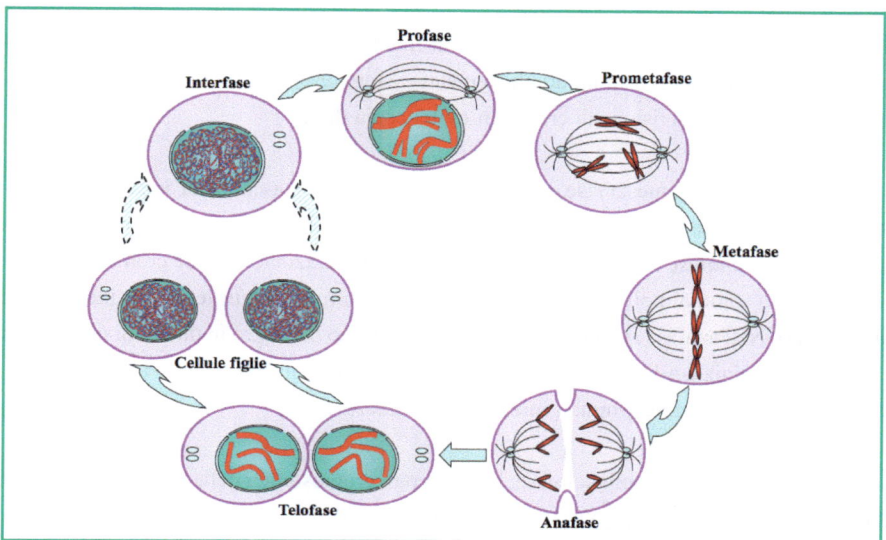

Fig. 5.5 Schema del processo di divisione mitotica. Il processo mitotico è la parte del ciclo cellulare nella quale sono distinguibili due fasi: la mitosi, durante la quale i cromosomi, condensati e ormai duplicati, segregano in due nuclei figli e la citodieresi, durante la quale il citoplasma si divide dando origine a due cellule figlie geneticamente identiche

Profase. Al termine della fase G2 del ciclo cellulare, la cellula si prepara per la mitosi: le fibre di cromatina ampiamente diffuse a occupare lo spazio nucleare durante l'*interfase*, iniziano a condensarsi e a compattarsi dando origine alle strutture cromosomiche tipiche della mitosi. Poiché il DNA cromosomiale si è duplicato nella fase S del ciclo cellulare, durante la profase ogni cromosoma appare composto da due cromatidi fratelli, strettamente uniti tra loro nella regione chiamata *centromero*. Le due strutture tubulari presenti in prossimità del nucleo, dette *centrioli*, cominciano a migrare verso i poli della cellula formando una struttura a raggera denominata *fuso mitotico*, lungo il quale, durante la mitosi, avverrà lo spostamento dei cromosomi.

Prometafase. L'inizio della prometafase è segnato dalla rottura della membrana nucleare che lascia così libero il materiale nucleare in essa contenuto. In tal modo, i microtubuli del fuso mitotico sono liberi di invadere l'area nucleare e prendere contatto con i cromosomi. A questo punto, ogni cromosoma sviluppa sui lati opposti di ciascun centromero, due piastre di natura proteica dette *cinetocore*, ciascuna associata a uno dei due cromatidi fratelli e legate ai microtubuli del fuso mitotico.

Metafase. Durante questa fase mitotica i cromosomi, che hanno raggiunto il massimo grado di condensazione, migrano sul piano equatoriale della cellula in posizione equidistante dai due poli opposti del fuso. In questo stadio, ogni cromosoma si trova disposto in modo da garantire il collegamento dei due cromatidi fratelli ai poli opposti della cellula. L'esatta disposizione dei cromosomi durante la metafase rappresenta un punto cruciale che consente alla cellula in divisione di creare un'esatta copia di sé.

Anafase. All'inizio di questa fase, i centromeri si dividono e ciascuno dei due cromatidi fratelli inizia a migrare verso i poli opposti del fuso mitotico. Si riconoscono due momenti detti *anafase A* e *anafase B*. Nella prima, si assiste alla separazione dei due cromatidi fratelli che vengono spinti ai poli del fuso mano a mano che i microtubuli legati al cinetocore si accorciano. Nell'anafase B, i poli stessi si allontano l'uno dall'altro in direzioni opposte. In tarda anafase, inizia a formarsi una strozzatura citoplasmatica a livello del piano equatoriale della cellula che determina l'inizio della *citodieresi*.

Telofase. Fin dall'inizio della telofase, i due corredi cromosomici delle future cellule figlie hanno raggiunto i poli opposti del fuso trovandosi quindi in posizioni molto distanti gli uni dagli altri. Si ottiene pertanto a ogni polo il ripristino del numero originario di cromosomi. L'involucro nucleare compare ad avvolgere i due gruppi distinti di cromosomi fratelli completando così il processo mitotico. A questo punto, i cromosomi iniziano a de-condensarsi e ad assumere l'aspetto disperso e omogeneo tipico della cromatina durante l'interfase. I nuclei delle due cellule figlie sono ora formati e anche il ponte citoplasmatico, che ancora le univa, scompare dando origine a due cellule figlie con identico patrimonio genetico e ponendo fine alla fase M del ciclo cellulare.

5.6
Meiosi

Contrariamente a quanto avviene nella mitosi, in cui l'informazione genetica contenuta nella cellula progenitrice viene trasferita identica alle cellule figlie, nella meiosi l'informazione genetica portata dai due genitori va incontro a un processo di ricombinazione, prima di essere trasmessa alla discendenza, originando discendenti geneticamente diversi tra loro e dagli stessi genitori.

In particolare, tramite la meiosi si attua un processo mediante il quale il corredo cromosomico diploide (2n) della cellula progenitrice si riduce a un corredo cromosomico aploide (n) nelle cellule figlie e, tramite il cosiddetto *crossing-over*, si ha lo scambio e la ricombinazione genetica. È proprio grazie alla ricombinazione dell'informazione genetica proveniente dalle cellule di due organismi differenti (padre e madre) che si producono risultati ogni volta diversi, e naturalmente diversi anche dai due genitori. Si genera così un'enorme varietà tra gli individui appartenenti a una popolazione che li rende più facilmente adattabili all'ambiente e facilita la sopravvivenza della specie, ad esempio nel caso di variazioni delle condizioni ambientali.

5.6.1
Fasi della meiosi

Nella riproduzione sessuale occorre che il gamete maschile e quello femminile, che si fondono a dare origine a uno zigote con un patrimonio cromosomico completo (2n) di cui la metà di origine paterna e l'altra materna, abbiano esattamente la metà del corredo cromosomico di una cellula somatica (n) in modo che, fondendosi, ristabiliscano il patrimonio diploide.

Infatti, attraverso un processo piuttosto complesso, una singola cellula diploide, dopo aver replicato una sola volta il suo DNA, dà origine a quattro cellule figlie, i gameti appunto, dotate di un patrimonio dimezzato di cromosomi e dette perciò aploidi. La meiosi ha un ruolo centrale nel processo di formazione delle cellule destinate alla riproduzione (gametogenesi) in quanto fa sì che da una cellula madre si formino 4 figlie, tutte diverse tra loro e con la metà del patrimonio genetico della cellula madre.

La meiosi è formata da 2 divisioni cellulari successive, senza che tra le due avvenga la duplicazione del DNA. La prima divisione è detta *riduzionale*, perché il patrimonio cromosomico della cellula diploide (2n) duplicato nella precedente fase S, si dimezza nelle due cellule aploidi (n) nelle quali ogni cromosoma è duplicato in due cromatidi fratelli. La seconda divisione è detta *equazionale* perché lascia inalterato il numero di cromosomi, ma i cromatidi di ciascun cromosoma delle due cellule aploidi si separano a formare quattro cellule aploidi contenenti un solo cromatide (Fig. 5.6).

Prima divisione meiotica o meiosi I
Profase I. È una fase lunga e complessa suddivisa in 5 stadi:
Leptotene. La cromatina fin qui dispersa nel nucleo cellulare, si condensa sino a formare le strutture bastoncellari estremamente compatte rappresentate dai cromosomi. Ciascun cromosoma è formato da due cromatidi fratelli, disposti in modo parallelo e uniti in un punto detto centromero. Poiché i cromatidi fratelli presenti in questo stadio derivano da un processo di duplicazione del DNA, sono geneticamente identici l'uno all'altro.
Zigotene. I cromosomi omologhi si appaiano per tutta la loro lunghezza.
Pachitene. In questa fase, ogni cromosoma è formato da due cromatidi ed è appaiato col proprio cromosoma omologo a formare una tetrade di quattro cromatidi. Sempre in questa fase, possono avvenire scambi di frammenti di cromosoma tra i cromatidi dei due cromosomi omologhi. Questo fenomeno prende il nome di *crossing-over* ed è di fondamentale importanza

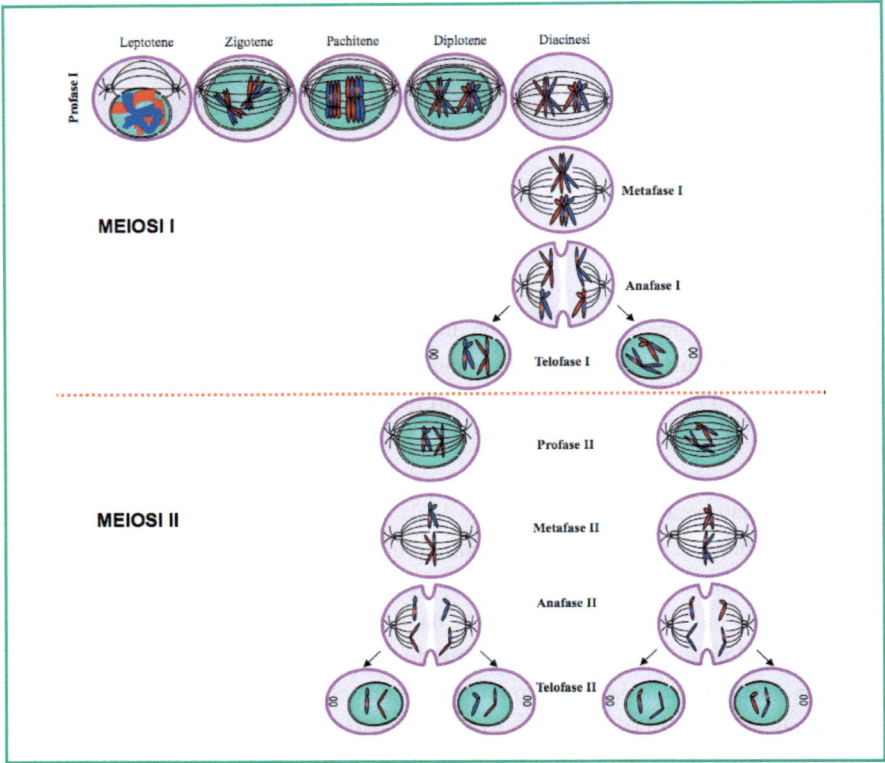

Fig. 5.6 *Meiosi*. La meiosi è il processo mediante il quale l'informazione genetica portata dai due genitori va incontro a un processo di ricombinazione prima di essere trasmessa alla discendenza, originando discendenti geneticamente diversi tra loro e dagli stessi genitori. La meiosi è formata da 2 divisioni cellulari successive: la divisione *riduzionale*, in cui il patrimonio cromosomico della cellula diploide (2n) si dimezza nelle due cellule aploidi (n) nelle quali ogni cromosoma è duplicato in due cromatidi fratelli; la divisione *equazionale* in cui il numero di cromosomi rimane inalterato, ma i cromatidi di ciascun cromosoma delle due cellule aploidi si separano a formare quattro cellule aploidi contenenti un solo cromatide

per il mantenimento della variabilità genetica tra individui della stessa specie.

Diplotene. I cromosomi omologhi di ogni bivalente iniziano a separarsi, rimanendo uniti in punti di contatto definiti *chiasmi* corrispondenti alle regioni in cui i cromosomi omologhi hanno scambiato segmenti di DNA.

Diacinesi. I cromosomi accentuano il loro grado di condensazione, i nucleoli scompaiono, la membrana che avvolge il nucleo si disgrega e si forma un fascio di microtubuli proteici (fuso).

Metafase I. Le tetradi omologhe si dispongono lungo la linea equatoriale della cellula in modo tale che ogni tetrade sia rivolta verso uno dei due poli della cellula.

Anafase I. Le fibre del fuso prendono contatto con i centromeri; ciascuna tetrade inizia a migrare verso i poli opposti della cellula.

Telofase I. In questa fase, ai due poli della cellula madre si formano due agglomerati di cromosomi aploidi, in cui è presente un solo cromosoma per ciascun tipo e ogni cromosoma si presenta ancora allo stadio di tetrade. Il citoplasma va incontro a citodieresi e la cellula originaria si divide in due cellule figlie distinte. Le fibre del fuso si disgregano e i cromosomi si despiralizzano.

Seconda divisione meiotica o meiosi II
Nella seconda divisione meiotica, in modo analogo alla mitosi, i cromatidi di ciascuna tetrade si separano e si ripartiscono in due cellule figlie. Essa segue la prima senza interfase, quindi in assenza di una fase S di duplicazione del materiale genetico.
Profase II. Anche in questa profase la cromatina torna a ricondensarsi rendendo nuovamente distinguibili i cromosomi, che ora risultano formati da due cromatidi uniti dal centromero. Nuovamente si formano le fibre del fuso.
Metafase II. I cromosomi migrano lungo il piano equatoriale della cellula disponendosi in modo tale che ciascun cromatide sia rivolto verso uno dei due poli della cellula. I centromeri prendono contatto con le fibre.
Anafase II. I centromeri si dividono e i cromatidi migrano ciascuno verso un polo della cellula lungo le fibre del fuso.
Telofase II. I cromatidi, divenuti ora nuovi cromosomi, si aggregano ai poli opposti della cellula, le fibre del fuso degenerano, i cromosomi cominciano a decondensarsi e si forma infine una membrana nucleare. Il citoplasma della cellula si divide in due dando origine a quattro cellule figlie aploidi.

5.7
Confronto tra meiosi e mitosi

Mitosi e meiosi sono i processi che regolano la capacità di accrescersi e riprodursi degli organismi viventi. Sebbene la mitosi interessi le cellule somatiche e la meiosi le cellule sessuali, entrambi i processi riproduttivi sono preceduti dalla replicazione del DNA durante la fase S del ciclo cellulare. Durante la profase, il materiale genetico duplicato si condensa fino a rendere visibili le singole strutture cromosomiche che, in entrambi i processi, appaiono costituite da due cromatidi fratelli. Solo nella meiosi, però, le coppie di cromosomi omologhi (ereditati l'uno dal padre e l'altro dalla madre) si appaiano a formare i bivalenti (Fig. 5.7). La presenza di cromosomi omologhi appaiati durante la metafase I è la prima differenza cruciale tra meiosi I e mitosi, in cui tale appaiamento non ha luogo. Nel processo meiotico i cromatidi non fratelli si scambiano porzioni del materiale genetico mediante *crossing-over* facendo in modo che i due membri di ciascun cromosoma diventino il risultato di una miscela ran-

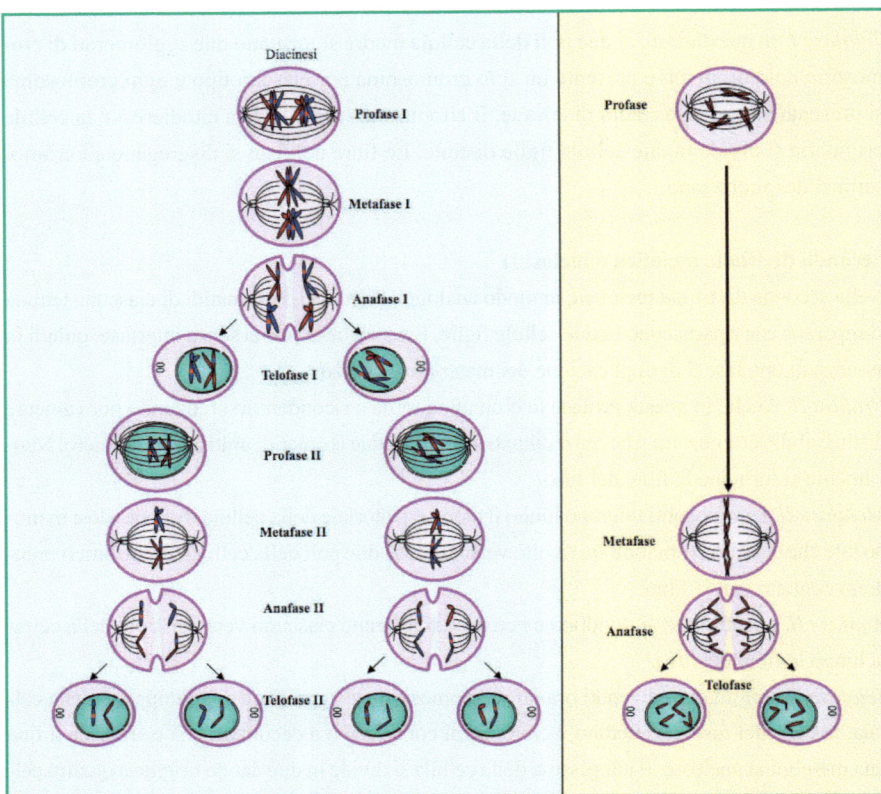

Fig. 5.7 *Confronto tra Meiosi e Mitosi*. Entrambi i processi sono preceduti da un'unica replicazione del DNA, durante la fase S, che origina due cromatidi fratelli per ciascun cromosoma. La mitosi, che ha luogo nelle cellule somatiche, implica una sola divisione del nucleo e del citoplasma. La divisione è *conservativa*, cioè origina *due* cellule figlie identiche tra loro e aventi numero e struttura dei cromosomi identici alla cellula parentale (corredo cromosomico diploide 2n). La meiosi, che ha luogo nelle cellule germinali, prevede *due* divisioni nucleari e citoplasmatiche che stabiliscono in ciascuna cellula un patrimonio cromosomico aploide (n). Infatti, a differenza della mitosi, la divisione meiotica è *riduzionale*, cioè origina *quattro* cellule figlie diverse tra loro e dalla cellula madre a causa della distribuzione casuale del materiale genetico tra cromatidi non fratelli durante il crossing-over della profase I

dom di tratti cromosomici di origine paterna e materna.

Nella successiva metafase meiotica e mitotica, i bivalenti e gli omologhi rispettivamente, si allineano sul piano equatoriale della cellula e i cromosomi nella meiosi e i cromatidi nella mitosi, si separano e migrano ai poli opposti della cellula. Qui è evidente la seconda fondamentale differenza tra meiosi e mitosi: durante la mitosi ciascun cromatide fratello si separa e migra ai poli opposti della cellula, mentre nella meiosi sono i cromosomi omologhi, ciascuno composto dai due cromatidi fratelli, a separarsi e migrare. Quando avviene la divisione della cellula, il processo mitotico si conclude originando due cellule figlie con patrimonio genetico diploide identico tra loro e alla cellula originaria. Il processo meiotico, invece, prosegue e le due cellule che si sono originate durante la meiosi I affrontano un secondo processo divisionale (non preceduto dalla duplicazione del materiale genetico) in seguito al quale i cromatidi fratelli di ciascun cromosoma si separano originando quattro cellule con patrimonio genetico aploide, differente da quello della cellula progenitrice, costituito da una miscela random di cromosomi di origine materna e paterna.

Letture consigliate

Hirano T (2000) Chromosome cohesion, condensation and separation. Annu Rev Biochem 69:115-144

Nasmyth K, Peters JM, Uhlmann F (2000) Splitting the chromosome: cutting the ties that bind sister chromatids. Science 288:1379-1385

Petronski M, Siomos MF, Nasmyth N (2003) Un ménage à quatre: the molecular biology of chromosome segregation in meiosis. Cell 112:423-440

Zickler D, Kleckner N (1999) Meiotic chromosomes: Integrating structure and function. Annu Rev Genetics 33:603-754

Effetto metabolico dei nutrienti nell'organismo in toto

6

R. Codella, L. Luzi

Il metabolismo consiste in una serie di reazioni enzimatiche organizzate in processi e comprende tutte quelle trasformazioni che convertono i nutrienti in energia (ad esempio, in adenosintrifosfato, ATP). La regolazione del metabolismo dei substrati negli esseri umani comporta una complessa interazione tra ormoni, nutrienti esogeni e scambi sistemici, per mantenere un costante e adeguato apporto di nutrienti a tutti gli organi del corpo [1].

L'ormone chiave per lo scambio e la distribuzione dei substrati tra i tessuti, in condizioni di digiuno e sazietà, è l'insulina. Glucagone, catecolamine, cortisolo e ormone della crescita diventano protagonisti nella regolazione energetica in caso di immediata richiesta di glucosio, e cioè durante l'esercizio, in condizioni di stress o in risposta all'*ipoglicemia* (diminuzione del livello di glucosio nel sangue). Gli organi principalmente coinvolti nel mantenimento dell'omeostasi metabolica (stabilità interna) sono:
- fegato e rene, grazie alla loro capacità unica di produrre glucosio (*gluconeogenesi*);
- cervello, a causa della sua totale dipendenza dal glucosio come fonte energetica;
- muscolo e tessuto adiposo, per la loro abilità nel rispondere all'insulina e nell'immagazzinare energia sotto forma di glicogeno e grasso, rispettivamente.

Le vie cataboliche (distruttive), per l'ottenimento di energia, degradano molecole più complesse (carboidrati, proteine e grassi) in molecole più semplici. Queste reazioni sono esoergoniche, rilasciano cioè energia: parte dell'energia è in realtà dissipata come calore, ma la maggior parte è "intrappolata" sotto forma di molecole di ATP. Di converso, le vie anaboliche (costruttive) sono quelle responsabili della sintesi di varie e complesse bio-molecole, a partire dai più semplici precursori. Tali reazioni sono endoergoniche: richiedono un input di energia, l'ATP, per poter essere avviate.

Biologia cellulare nell'esercizio fisico. Livio Luzi
© Springer-Verlag Italia 2010

6.1
Metabolismo dei carboidrati

Il glucosio esercita un ruolo centrale nel metabolismo ed è costantemente richiesto da molteplici tessuti (ad esempio, cervello, eritrociti, muscoli in attività) per ovviare ai bisogni energetici. Un "tipico" uomo adulto necessita di 190 g di glucosio al giorno, di cui 150 g usati dal cervello e i restanti 40 g dagli altri tessuti (vedasi, inoltre, Tabella 6.1). Il glucosio è infatti la sola fonte energetica per il cervello (eccezion fatta per le condizioni di digiuno prolungato) [2] e, a riposo, rifornisce tutti gli altri tessuti. Il glucosio è un metabolita flessibile e per questo può essere convertito in altri substrati, inclusi i lipidi (per esempio, acidi grassi, colesterolo, ormoni steroidei), aminoacidi e acidi nucleici. Perciò la concentrazione di glucosio nel sangue (*glicemia*) è strettamente mantenuta entro un certo intervallo (~5mM). Questa condizione omeostatica è di cruciale importanza. Se i livelli di glucosio nel sangue si abbassano troppo (ipoglicemia), possono manifestarsi perdita di coscienza, coma e perfino la morte. Al contrario, se i livelli di glucosio ematico sono elevati (iperglicemia) per lunghi periodi di tempo, come accade nel diabete mellito scarsamente controllato, le conseguenze possono essere cecità, disfunzioni renali, cardiopatie, neuropatie e malattie vascolari periferiche.

Oltre che dalla dieta, il glucosio può essere derivato dalle riserve corporee di glicogeno (macromolecola formata da catene di glucosio, principalmente stoccato nel fegato e nel muscolo), o può essere sintetizzato attraverso un processo noto come *gluconeogenesi*, a partire da metaboliti quali aminoacidi (alanina), lattato e glicerolo. L'equilibrio tra l'utilizzo, lo stoccaggio e la sintesi di glucosio dipende dallo stato ormonale e nutrizionale dell'individuo. Il destino del glucosio dipende chiaramente dagli organi coinvolti nel controllo metabolico, cioè fegato, muscolo, cervello.

Tabella 6.1 Distribuzione approssimativa dei substrati energetici e corrispondente potenziale energia in un normo-individuo di 70 Kg

	Kilogrammi	Kilocalorie
Trigliceridi nel tessuto adiposo	12	108.000
Proteine muscolari (peso secco)	6	24.000
Carboidrati (peso secco)		
Glicogeno muscolare	0.3	1.200
Glicogeno epatico	0.1	400

6.1.1
Fegato

Il fegato svolge un compito decisivo nella regolazione del metabolismo glucidico; può infatti sfruttare lo zucchero in molteplici situazioni:
a) catabolismo, via glicolisi o ciclo di Krebs per produrre ATP;
b) deposito, come glicogeno attraverso la *glicogenesi*;
c) utilizzo, come precursore per la biosintesi di metaboliti (acidi grassi, nucleotidi).

Il fegato è centrale, inoltre, nella *glicogenolisi* (demolizione del glicogeno in glucosio) e nella gluconeogenesi (sintesi del glucosio a partire da precursori che non sono carboidrati) per rifornire di glucosio ematico tutti gli altri tessuti.

6.1.2
Muscolo

Il muscolo scheletrico (o cardiaco) può anch'esso utilizzare il glucosio direttamente per il metabolismo energetico o stivarlo come glicogeno. Tuttavia, a differenza di quanto accade nel fegato, nel muscolo la glicogenolisi rilascia glucosio solo per uso endogeno cellulare e non viene riversato nel torrente circolatorio. Solo nel muscolo, inoltre, il glucosio può essere metabolizzato (a lattato, nella glicolisi) in assenza di ossigeno. Questa via anaerobica è molto importante per la produzione di ATP nel muscolo in corso di esercizio; è critica per quelle cellule che non possiedono i mitocondri, come gli eritrociti, e prolunga la sopravvivenza di tutti quei tessuti privati (più o meno transitoriamente) dell'ossigeno.

6.1.3
Cervello

Il cervello riceve il glucosio dal flusso sanguigno e lo ossida per provvedere ai propri bisogni energetici. Il cervello possiede minime riserve di glicogeno e non rilascia glucosio al resto del corpo. L'assoluta dipendenza del metabolismo energetico cerebrale dal glucosio è una delle ragioni per cui l'omeostasi glucidica è protetta così efficacemente. In condizioni estreme, come il digiuno prolungato [2], il cervello è in grado di usare i corpi chetonici (prodotti dell'ossidazione lipidica) come fonte energetica alternativa, ma continua a necessitare di glucosio che gli viene fornito dalla gluconeogenesi epatica, mano a mano che le riserve corporee di glicogeno si esauriscono.

6.2
Glicolisi

La glicolisi consiste in una sequenza di 10 reazioni, catalizzate da specifici enzimi che portano il glucosio a essere degradato per via puramente anaerobica sino ad acido piruvico (Fig. 6.1) [3].

Il glucosio entra nelle cellule grazie a una proteina specifica di membrana (GLUT4) che ne facilita la diffusione. Sono state descritte 5 differenti isoforme dei trasportatori di glucosio (GLUT), ognuna caratterizzata da una distribuzione tessuto-specifica. Quando il glucosio è entrato nella cellula, viene rapidamente fosforilato per formare glucosio-6-fosfato (G6P) dall'enzima esochinasi. Successivamente, il G6P si trasforma nell'isomero fruttosio-6-fosfato. Fino a questa fase, il glucosio non rilascia energia ma, al contrario, alla molecola è aggiunto un gruppo fosforico aumentando così la sua energia: il razionale della fosforilazione è appunto quello di fornire energia sufficiente per proseguire il cammino metabolico. Grazie all'azione della fosfo-fruttochinasi (PFK), il fruttosio-6-fosfato va incontro a una seconda fosforilazione e si trasforma in fruttosio 1,6-difosfato. Quest'ultimo verrà scisso in due molecole fosforilate a 3 atomi di carbonio che, al termine di altre 5 reazioni, porteranno al piruvato. In due di queste ultime reazioni, si ha la formazione di 4 ATP, dovuti al trasferimento del gruppo fosforico all'ADP. Poiché 2 molecole di ATP erano state impiegate nel processo iniziale di fosforilazione del glucosio, si ha un guadagno, al netto, di 2 molecole di ATP. Il meccanismo di trasferimento energetico tramite il gruppo fosforico che si verifica nella glicolisi è definito *fosforilazione a livello del substrato*, ed è puramente anaerobico.

Sebbene tutte le cellule del corpo umano abbiano capacità glicolitiche, il destino del piruvato prodotto dipende dal tipo cellulare e dalla disponibilità di ossigeno. La maggior parte dei tessuti possiede il complesso piruvato deidrogenasi (PDC), con il quale il piruvato può essere convertito ad acetil-CoA, il carburante primo per il ciclo di Krebs. Altre cellule, però (come gli eritrociti), non possiedono i mitocondri e fanno leva sulla glicolisi per generare ATP; in altre ancora, la domanda di ATP può eccedere la disponibilità offerta dalla capacità aerobica (ad esempio, nelle fibre bianche durante esercizio strenuo). In tali circostanze, la glicolisi anaerobica si conclude con la conversione del piruvato a lattato attraverso la lattato-deidrogenasi (LDH). Il lattato è un prodotto finale frequentemente esportato per poter essere utilizzato come sorgente aerobica. Esso può essere riconvertito, infatti, a glucosio nel cuore, oppure nel fegato, dove un destino identico lo attende, con la gluconeogenesi che avviene nel ciclo di Cori.

In conclusione, la glicolisi è la via metabolica principale per il catabolismo del G6P: in questo processo, una molecola di G6P è catabolizzata a 2 molecole di piruvato (più 2 molecole di acqua e 2 di $NADH^+ H^+$) con una resa netta di 2 molecole di ATP.

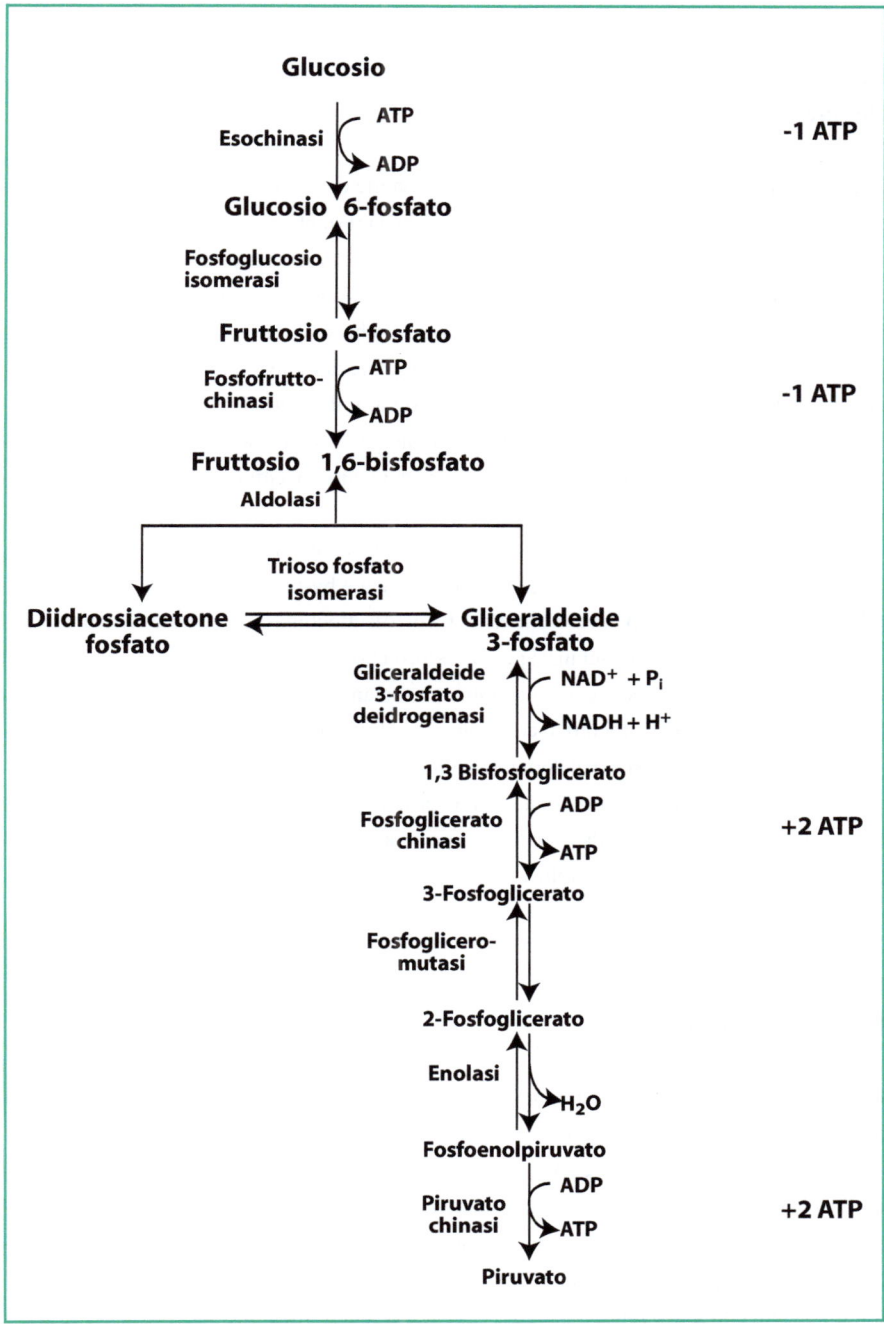

Fig. 6.1 Schema della glicolisi con enzimi coinvolti e resa energetica. Nella glicolisi, dieci enzimi catalizzano le reazioni in cui il glucosio viene trasformato in piruvato. Poiché 2 molecole di ATP sono perdute nella fase iniziale di fosforilazione del glucosio, al netto, si ha un guadagno di 2 molecole di ATP

6.3
Gluconeogenesi

In condizioni di riposo, la glicogenolisi è responsabile del 70-80% della produzione epatica di glucosio, mentre la gluconeogenesi coprirebbe la restante percentuale. Tuttavia, in condizioni di digiuno prolungato, quando non c'è introito di carboidrati e le scorte di glicogeno sono esaurite, la gluconeogenesi riveste un ruolo di maggiore importanza. Come detto, il fegato è il sito primario per la gluconeogenesi, anche se il rene può contribuire a questo processo in misura del 10% (con una frazione maggiore durante il digiuno protratto). I principali substrati per la gluconeogenesi sono il piruvato, il lattato, il glicerolo e gli aminoacidi. La quota di produzione gluconeogenica aumenta in seguito a dieta a elevato contenuto proteico ed è anche determinante nell'utilizzo degli aminoacidi in eccesso assunti durante un pasto.

La sintesi di glucosio dal piruvato o lattato è essenzialmente l'inverso della glilcolisi, ripercorrendo a ritroso gran parte della via catabolica e by-passando alcune delle reazioni glicolitiche irreversibili (piruvato-chinasi e 6-fosfofruttochinasi). Fegato e rene possiedono, inoltre, l'enzima glicerol-chinasi per la fosforilazione del glicerolo. La disponibilità del lattato come substrato gluconeogenico aumenta sostanzialmente in seguito a periodi di intenso esercizio muscolare, mentre il contributo del glicerolo alla gluconeogenesi diviene importante quando la lipolisi è accelerata (digiuno) o nel diabete. In ogni modo, gli aminoacidi, in particolare alanina e glutamina, sono i principali substrati per la gluconeogenesi nel fegato. Essi sono derivati dalla dieta e/o come prodotti del catabolismo muscolare proteico e aminoacidico (vedasi Capitolo 10).

6.4
Pancreas endocrino

Il pancreas è una voluminosa ghiandola annessa all'apparato digerente, composta da una parte esocrina e una endocrina. La porzione esocrina è preposta alla produzione del succo pancreatico per digerire alcune sostanze dell'intestino tenue. Il pancreas endocrino produce due ormoni fondamentali per il controllo della glicemia: l'insulina e il glucagone. La componente endocrina del pancreas rappresenta, in realtà, solo l'1-3% del totale ed è organizzata in cordoni epiteliali noti come isole di Langerhans: tra queste, le cellule α (~20% del totale) producono glucagone, e quelle β (~75% del totale) insulina.

6.4.1
Insulina

È un ormone proteico la cui principale funzione è quella di abbassare la concentrazione di glucosio nel sangue. Questa azione si estrinseca a vari livelli:
- attivazione del trasportatore di glucosio GLUT4: consente cioè al glucosio di attraversare la membrana cellulare mediante il meccanismo della "diffusione facilitata";
- attivazione dell'enzima esochinasi per la fosforilazione del glucosio a G6P;
- attivazione dell'enzima glicogeno-sintetasi, per metabolizzare e "immagazzinare" il glucosio, nel fegato o nel muscolo, sotto forma di glicogeno.

L'insulina, inoltre, esercita anche un'azione sul metabolismo lipidico, favorendo la lipogenesi: quando i carboidrati sono in eccesso, non vengono usati per sintetizzare glicogeno ma vengono convertiti in lipidi.

L'insulina attiva anche gli enzimi intracellulari deputati al controllo della sintesi delle proteine:
- aumentando la concentrazione intracellulare di RNA;
- facilitando il trasporto degli aminoacidi attraverso la membrana cellulare;
- aumentando la sintesi proteica a livello ribosomiale.

La secrezione di insulina, governata dal sistema nervoso simpatico, è a feedback negativo: è regolata dal livello di glicemia; se la glicemia aumenta, il pancreas è stimolato a produrre insulina.

La concentrazione dell'insulina, poi, diminuisce con l'aumentare della durata dell'esercizio. Questo è principalmente legato all'effetto inibitorio delle catecolamine sull'attività delle cellule beta del pancreas. L'ipoglicemia, che si genera nel corso di attività fisica prolungata, aumenta la secrezione epatica di glucosio e rende il fegato più sensibile all'azione delle catecolamine e del glucagone, che favoriscono appunto la liberazione del glucosio. L'azione delle catecolamine, nel sopprimere l'azione dell'insulina, aumenta in maniera direttamente proporzionale all'intensità dell'esercizio.

6.4.2
Glucagone

È l'ormone ad azione antagonista all'insulina ed è pertanto iperglicemizzante. Stimola la glicogenolisi e la gluconeogenesi. Anche il livello plasmatico di questo ormone è regolato retroattivamente. L'ipoglicemia dovuta a restrizione calorica o esercizio prolungato induce le cellule α-pancreatiche a stimolare glucagone, con immediato rilascio di glucosio da parte del fegato.

6.5
Fattori che influenzano la glicemia

Nei soggetti normali, il valore basale di glicemia, a digiuno, è di circa 80 mg/dl. Dopo pranzo, la glicemia sale intorno a 130-140 mg/dl, ma non dovrebbe salire oltre 140 mg/dl. Uno dei fattori che fanno variare la glicemia è, ovviamente, lo stato nutrizionale. A ciò vanno aggiunte condizioni fisiologiche particolari, quali l'invecchiamento, che porta l'individuo a un graduale e progressivo deterioramento della propria tolleranza glucidica. Tra le probabili cause dell'intolleranza glucidica: inattività, depauperamento o disfunzioni mitocondriali [4].

Condizioni patologiche che modificano il profilo glicemico sono l'obesità (che è associata infatti a insulino-resistenza) e diabete.

6.6
Diabete

Il diabete mellito definisce una condizione morbosa caratterizzata da iperglicemia, conseguente a una ridotta secrezione di insulina, ovvero a un'inefficiente azione periferica dell'ormone stesso. Secondo i criteri internazionali stabiliti dall'American Diabetes Association, il diabete mellito è diagnosticato con:
- una glicemia a digiuno superiore a 126 mg/dl;
- una glicemia postprandiale superiore a 200 mg/dl;
- sintomi di diabete (poliuria, polidipsia, calo ponderale diversamente non spiegabile) unitamente a rilievo glicemico casuale superiore a 200 mg/dl.

6.6.1
Diabete di tipo 1

Il diabete di tipo 1 è una malattia in cui si ha una distruzione parziale o totale della massa pancreatica, attribuita a cause autoimmuni, con conseguente limitata o nulla secrezione insulinica. Per i soggetti affetti da questa forma di diabete è necessario, perciò, ricorrere alla somministrazione esogena di insulina, pena la morte.

6.6.2
Diabete di tipo 2

Il diabete di tipo 2 è caratterizzato da insulino-resistenza con deficit secretorio relativo. Questa forma di diabete può interessare anche casi in cui la secrezione insulinica è quantitativamente intatta, ma inadeguata per indurre una normale risposta insulinica nelle cellule muscolari, adipose ed epatiche.

Per entrambe le forme di diabete, la proposta di esercizio fisico deve essere formulata da personale istruito, per massimizzare i vantaggi dell'attività fisica ed evitare gli inconvenienti dovuti alla patologia.

6.7
Sinossi sull'utilizzo dei substrati

Esistono tre principali priorità per le quali vengono utilizzati i nutrienti:
- mantenere uno stabile apporto di substrati per le funzioni del sistema nervoso centrale;
- mantenere le riserve proteiche (proteine contrattili, enzimi, tessuto nervoso, ecc.) in periodo di digiuno e rifornirle con l'alimentazione;
- ripristinare limitati depositi di glicogeno epatico e muscolare con l'alimentazione.

Tutto questo si persegue per ottemperare ai bisogni di prima necessità e per svolgere qualsiasi forma di lavoro biologico, ivi incluso, l'esercizio intenso.

Bibliografia

1. Champe PC, Harvey RA (1994) Biochemistry. Philadelphia, 2nd edition, JP Lippincott
2. Cahill GF Jr. (1970) Starvation in man. N Engl J Med 282(12):668-675
3. Randle PJ (1998) Regulatory interactions between lipids and carbohydrates: the glucose fatty acid cycle after 35 years. Diabetes Metab Rev 14(4):263-283
4. Petersen KF et al (2003) Mitochondrial dysfunction in the elderly: possible role in insulin resistance. Science 300(5622):1140-1142

Letture consigliate

De Fronzo RA (1988) Lilly lecture 1987. The triumvirate: beta-cell, muscle, liver. A collusion responsible for NIDDM. Diabetes 37(6):667-687

Il mitocondrio e la sintesi di ATP

R. Codella, L. Luzi

Secondo l'approccio morfofunzionale, i mitocondri sono organuli di forma ellissoidale coinvolti nelle trasformazioni energetiche; in particolare, la respirazione cellulare con la sintesi di ATP. Sono presenti nel citoplasma di tutte le cellule animali e vegetali a metabolismo aerobico.

I mitocondri sono costituiti da due membrane: una membrana interna, dalla quale hanno origine introflessioni note come *creste* mitocondriali (sulle quali risiedono gli enzimi respiratori), e una membrana esterna, che delimita e separa il mitocondrio dal resto della cellula. Sia la membrana interna che la membrana esterna hanno la stessa struttura fisico-chimica della membrana plasmatica, cioè sono costituite da un doppio foglietto fosfolipidico. La funzione di queste strutture è aumentare la superficie di membrana, incrementando così il numero di complessi di ATP-sintasi per la formazione di energia (Fig. 7.1).

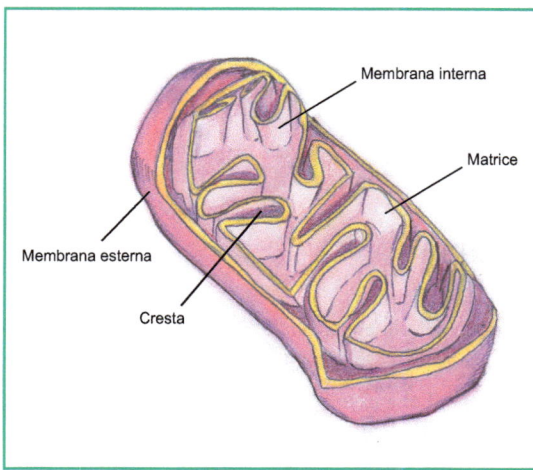

Fig. 7.1 Struttura tridimensionale di un mitocondrio con i suoi principali componenti. I mitocondri hanno in generale una lunghezza di 2-8 μm e un diametro inferiore a 1,5 μm, dimensioni simili a quelli dei batteri. La membrana interna è ripiegata in numerose pliche (creste mitocondriali) per aumentare sensibilmente la superficie totale deputata agli scambi energetici. Le creste sono solitamente orientate trasversalmente rispetto all'asse maggiore dell'organulo e possono essere tubulari, lamellari e ramificate. Lo spazio delimitato dalla membrana interna è formato da materiale acquoso-gelatinoso, definito *matrice*, sede di altri importanti processi metabolici [1]

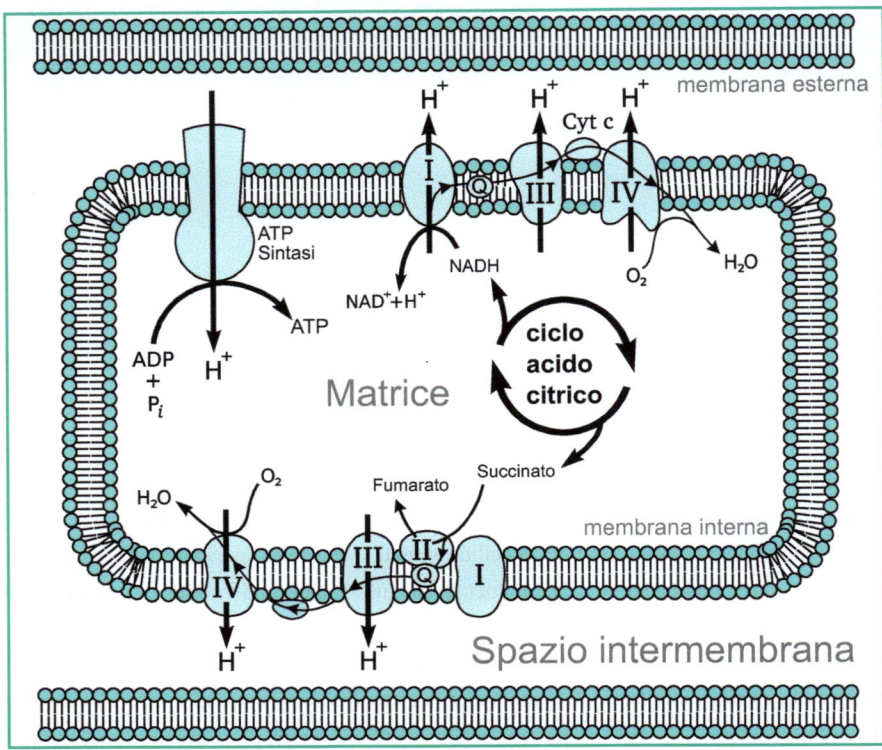

Fig. 7.2 Locazione del ciclo di Krebs e fosforilazione ossidativa nel mitocondrio. I mitocondri sono importanti perché sede di numerosi processi energetici: tra questi, la fosforilazione ossidativa che avviene a ridosso della membrana mitocondriale interna, e il ciclo dell'acido citrico, nella matrice mitocondriale

All'interno del mitocondrio è contenuta una struttura acquosa che prende il nome di *matrice* mitocondriale, sede di altre vie metaboliche (Fig. 7.2).

7.1
I mitocondri: la centrale elettrica delle cellule

La funzione principale dei mitocondri nelle cellule eucariotiche è la produzione di adenosintrifosfato (ATP). Questa molecola fornisce l'energia richiesta per la costruzione e il mantenimento delle cellule (e degli organismi che esse compongono) donando uno o due gruppi fosforici e rilasciando, quindi, molecole di adenosindifosfato (ADP) ovvero adenosinmonofosfato (AMP), rispettivamente. Le riserve di energia, sotto forma di ATP, non sono infinite nell'organismo e devono perciò essere risintetizzate di continuo dai mitocondri.

Questo può avvenire attraverso il metabolismo di differenti substrati come i lipidi, i carboidrati e le proteine.

7.1.1
Ciclo di Krebs

Nella matrice mitocondriale si compie il metabolismo intermedio, come la β-ossidazione degli acidi grassi o il ciclo di Krebs (Fig. 7.3). Il ciclo dell'acido tricarbossilico (TCA *cycle*), noto anche come *ciclo dell'acido citrico* o *ciclo di Krebs*, rappresenta il destino metabolico comune a tutte le molecole catabolizzate dai mitocondri: acidi grassi, chetoni, carboidrati e aminoacidi. Il primo carburante del TCA è l'acetil-CoA, il quale proviene dal piruvato (prodotto della glicolisi o del catabolismo di alcuni aminoacidi) o dalla β-ossidazione degli acidi grassi. L'acetil-CoA catabolizzato nel TCA *cycle* viene ossidato ad anidride carbonica ($2CO_2$) e in questo processo produce dei cofattori ridotti (3 molecole di NADH e 1 di $FADH_2$), che saranno fonte di elettroni per la catena di trasporto della fosforilazione ossidativa.

Nella prima reazione del ciclo dell'acido citrico, i 2 atomi di carbonio del gruppo acetato dell'acetil-CoA reagiscono con i 4 atomi di carbonio dell'ossalacetato, formando l'acido citrico (citrato), che è appunto un composto a 6 atomi di carbonio. Il resto del ciclo consta di reazioni enzimatiche in cui il citrato viene progressivamente degradato per rigenerare una nuova

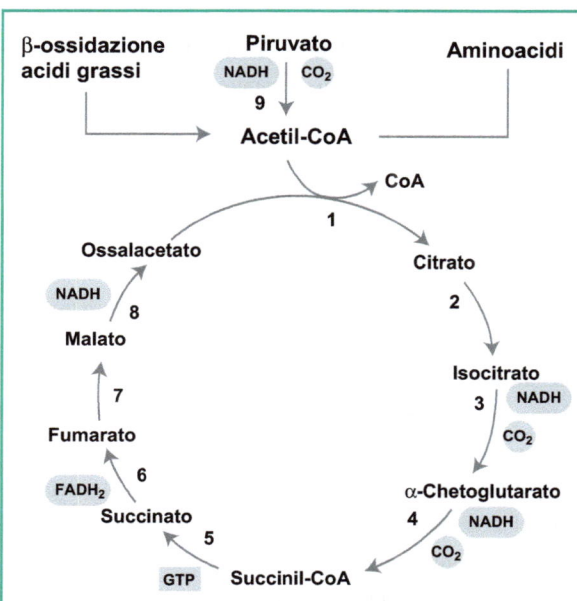

Fig. 7.3 Ciclo dell'acido tricarbossilico (TCA) con l'ingresso dell'acetil-CoA proveniente da acidi grassi, carboidrati, aminoacidi e le reazioni che portano alla produzione dei ridotti equivalenti (NADH, $FADH_2$), fosforilazione a livello del substrato (GTP), o decarbossilazione (CO_2). La resa netta di una tornata del ciclo è di $2CO_2$, 1GTP, 3NADH + H^+ 1 $FADH_2$. Gli enzimi coinvolti: 1) citratosintetasi; 2) aconitasi; 3) isocitrato deidrogenasi NAD-dipendente; 4) α-chetoglutarato deidrogenasi; 5) succinil-CoA sintetasi; 6) succinato deidrogenasi; 7) fumarasi; 8) malato deidrogenasi. Il piruvato entra nel TCA attraverso il complesso della piruvato deidrogenasi (PDC)

molecola di ossalacetato, il quale può reagire nuovamente con l'acetil-CoA, dando il via a una nuova tornata del ciclo e così via. La resa energetica netta del ciclo di Krebs è pari a 2 molecole di ATP per molecola di glucosio ossidata.

Dall'ossidazione dell'acetil-CoA, nel ciclo di Krebs, si ottengono quindi CO_2 e i trasportatori di elettroni (NADH e $FADH_2$), preziosi per la successiva via metabolica ossidativa.

7.1.2
Fosforilazione ossidativa

A ridosso della membrana mitocondriale interna, nella catena di trasporto degli elettroni, le forme ridotte del NADH e $FADH_2$ possono essere ossidate a NAD^+, FAD e H^+. I trasportatori devono trovare un accettore a cui trasferire i loro atomi di idrogeno ($H^+ + e^-$). La catena di trasporto di elettroni ossida i cofattori ridotti trasferendo gli elettroni in una serie di reazioni fino all'ossigeno, che risulta l'accettore terminale di elettroni. L'ossigeno molecolare, infatti, lega protoni ed elettroni formando acqua, prodotto finale, insieme all'anidride carbonica, dall'ossidazione di una molecola iniziale di glucosio.

Quando gli elettroni passano attraverso le pompe protoniche dei complessi I, III e IV della catena respiratoria, i protoni vengono pompati dalla matrice mitocondriale allo spazio intermembrana, generando così un potenziale elettrochimico di membrana, ovvero un gradiente protonico che viene sfruttato dal canale ATP-sintasi (complesso V o F_0-F_1) per sintetizzare l'ATP. La concentrazione protonica dello spazio intermembrana e la differenza di carica elettrica costituiscono la forza proton-motrice che re-indirizza i protoni verso la matrice passando attraverso il canale dell'ATP-sintasi, unico passaggio libero date le caratteristiche di permeabilità del doppio strato fosfolipidico della membrana interna.

Secondo la teoria chemiosmotica di Peter Mitchell (premio Nobel per la chimica nel 1978 per l'individuazione di questo meccanismo, avvenuta nel 1961), la forza proton-motrice guida la fosforilazione dell'ADP. Il meccanismo chemiosmostico è dato, appunto, dall'accoppiamento del flusso di protoni con la sintesi di ATP da ADP e Pi (fosfato inorganico) (Fig. 7.4).

Questo processo è definito globalmente fosforilazione ossidativa mitocondriale e porta alla formazione di 36 molecole di ATP per molecola di glucosio ossidata.

L'accoppiamento della respirazione mitocondriale con la sintesi di ATP, tuttavia, non è efficiente al 100%. Il gradiente protonico elettrochimico prodotto dall'ossidazione dei substrati può essere ridotto da disaccoppianti (*proton leaks*), che diminuiscono l'efficienza di sintesi dell'ATP dalla respirazione, dissipando parte dell'energia libera come calore. Questi composti hanno la capacità (con meccanismi non del tutto noti) di aprire un varco nella membrana mitocondriale interna permettendo ai protoni di ritornare verso la matrice, senza utilizzare quindi la proteina integrale di membrana ATP-sintasi. Il disaccoppiamento creatosi aumenta il consumo di

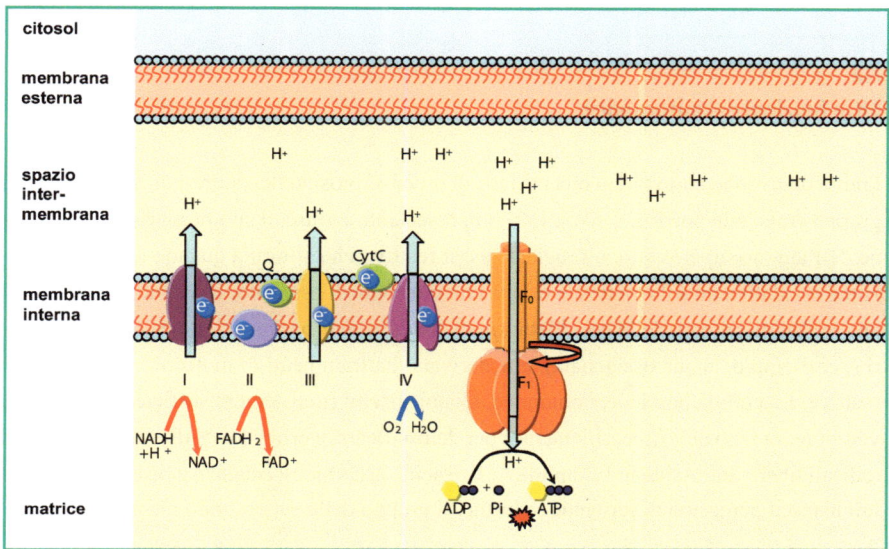

Fig. 7.4 Schema della fosforilazione dell'ADP ad ATP a cavallo della membrana interna mitocondriale. Al passaggio degli elettroni (e⁻) sui complessi enzimatici I, III e IV, i protoni (H⁺) vengono pompati dalla matrice allo spazio inter-membranale, generando così un potenziale di membrana elettrochimico. Questa forza proton-motrice guida la fosforilazione dell'ADP. Il ritorno dei protoni verso la matrice attraverso la pompa ATP-sintetasi (V complesso) è accoppiato alla sintesi di ATP. Il meccanismo chemio-smotico che associa una reazione esoergonica (la catena di trasporto degli elettroni) a una reazione endoergonica (la produzione di ATP) non è efficiente al 100% e parte dell'energia è dissipata sottoforma di calore [1]

ossigeno e la velocità di ossidazione del NADH. È un fenomeno che ha interessanti implicazioni per la termogenesi che avviene nel grasso bruno e per strategie terapeutiche potenzialmente utili per incrementare il dispendio energetico globale [1].

7.1.3
Rese energetiche

La resa energetica complessiva derivante dal catabolismo completo di una molecola di glucosio, attraverso la glicolisi e la respirazione cellulare, è pari a 38 molecole di ATP. Invero, poiché 2 molecole di ATP sono perdute nella fase iniziale di fosforilazione del glucosio, si ha un guadagno, al netto, di 36 molecole di ATP per mole di substrato ossidato: 2 molecole di ATP provengono dalla glicolisi, 2 dal ciclo di Krebs e 32 si formano nel processo di fosforilazione ossidativa.

7.2
Altre funzioni del mitocondrio

I mitocondri sono coinvolti in una miriade di processi biosintetici (sintesi di colesterolo, del gruppo eme delle porfirine, ecc.). Essi rappresentano, inoltre, il sito primario di produzione dell'anione superossido, un radicale assai reattivo che si forma quando nella fosforilazione ossidativa un solo elettrone riduce una molecola di ossigeno. L'anione superossido è una molecola parente delle cosiddette *specie reattive dell'ossigeno* – ROS, o radicali liberi (per esempio, acqua ossigenata), che derivano da frammenti di molecole estremamente reattive. La cellula possiede, comunque, alcuni sistemi (non sempre sufficienti purtroppo, vedasi fenomeno dell'invecchiamento) per detossificarsi e provvedere all'eliminazione dei radicali liberi: antiossidanti (vitamine A, E, e acido ascorbico); catalasi, cioè enzimi che elimininano il perossido di idrogeno, e infine, il gruppo delle superossido dismutasi (SOD).

7.3
Rete mitocondriale e allenamento d'endurance

I mitocondri del muscolo scheletrico aumentano in dimensioni e numero con l'allenamento aerobico, dotando le fibre muscolari di un metabolismo ossidativo più efficiente.

L'esercizio di resistenza è accompagnato da un numero di adattamenti fisiologici che migliorano la funzione muscolare e la performance. In particolare, il muscolo allenato mostra un rimodellamento verso un fenotipo più ossidativo, con modificazioni che intervengono a livello subcellulare e ultrastrutturale. Tra queste, ricordiamo, l'aumento della densità capillare, l'aumento delle riserve di glicogeno e di lipidi intramiocellulari, la migliorata risposta insulinica. Ma è la stimolazione della biogenesi mitocondriale [2] il più importante adattamento indotto dall'allenamento di *endurance*: l'incremento del numero di mitocondri è apprezzabile già dopo poche settimane di allenamento.

Ogni millilitro di volume mitocondriale muscolare è in grado di utilizzare fino a 3-5 ml di ossigeno al minuto nel corso di una prestazione massimale. Questo è dovuto all'enorme capacità di ripiegamento delle creste mitocondriali, che sono in grado di occupare, con le loro numerose estroflessioni, un'area pari a 40 m^2 per millilitro di volume mitocondriale. È stato mostrato come l'esercizio fisico sia in grado di raddoppiare il contenuto mitocondriale dei muscoli in attività, in seguito a circa 6 settimane di allenamento di *endurance*. Sin dalle prime settimane, è riscontrabile infatti un massiccio incremento della concentrazione e dell'attività degli enzimi mitocondriali coinvolti nella respirazione cellulare. È stato inoltre provato che, anche a riposo, nei muscoli degli atleti l'ossidazione dei substrati è aumentata rispetto ai sedentari, senza che la produzione energetica totale differisca tra i due gruppi: il surplus di energia prodotta dal maggior numero di mitocondri dei più allenati, quindi, sarebbe dissipato sotto forma di calore [3].

La biogenesi mitocondriale è indipendente da fattori umorali e si manifesta in risposta a uno stimolo all'esercizio fisico continuo, proveniente dai muscoli in contrazione [2]. Questo spiega perché l'aumento del contenuto mitocondriale interessi principalmente le fibre lente ossidative, di tipo I, piuttosto che le fibre veloci (e quindi velocemente affaticabili, di tipo IIb). Inoltre, l'aumento della sezione traversa del muscolo (ipertrofia), tipica delle fibre veloci di tipo II, è un adattamento fisiologico sfavorevole per la biogenesi mitocondriale, considerata la diluizione delle distanze di diffusione dell'ossigeno e dei substrati, nelle sedi miofibrillari metabolicamente impegnate [2].

Nonostante l'associazione tra *endurance training* e biogenesi mitocondriale sia nota da decadi, i meccanismi molecolari di regolazione della moltiplicazione e dell'attività mitocondriale non sono stati ancora interamente delucidati.

Bibliografia

1. Codella R (2008) In vivo magnetic resonance spectroscopy studies of muscle mitochondrial function in transgenic mice. University of Milan in co-tutelage with Yale University, Ph.D. Thesis
2. Hood DA (2001) Invited Review: contractile activity-induced mitochondrial biogenesis in skeletal muscle. J Appl Physiol 90(3):1137-1157
3. Befroy DE, Petersen KF, Dufour S et al (2008) Increased substrate oxidation and mitochondrial uncoupling in skeletal muscle of endurance-trained individuals. Proc Natl Acad Sci USA 105(43):16701-16706

Letture consigliate

Nicholls DG, Ferguson SG (2002) Bioenergetics 3. Elsevier Science, San Diego, CA, USA
Scheffler IE (2008) Mitochondria. John Wiley & Sons Inc., 2nd edition, Hoboken NY, USA

La cellula muscolare striata

8

R. Codella, L. Luzi

Il più vasto tessuto del corpo umano è quello muscolare. Esistono tre tipi di cellule muscolari: lisce, striate e miocardiche. Le cellule muscolari lisce sono quelle della cosiddetta muscolatura involontaria (organi interni, vasi sanguigni), hanno forma appiattita e sono mononucleate. Al contrario, le cellule muscolari striate sono polinucleate e la loro contrazione è sotto il diretto controllo della volontà: i movimenti degli arti, come il mantenimento del tono posturale, sono assicurati da questo tipo di muscolatura. Per il loro aspetto fusiforme, le miocellule striate sono anche denominate fibre e contengono un numero di miofibrille parallele. Infine, le cellule muscolari del miocardio rappresentano il tessuto contrattile del cuore e sono molto simili alle cellule muscolari striate, sebbene la loro contrazione sia involontaria e regolata da fibre nervose collocate in un'area dell'atrio destro del cuore, cioè il nodo seno-atriale.

8.1
Struttura del muscolo scheletrico

Le fibre muscolari possiedono una membrana cellulare, nota come *sarcolemma*, con i mitocondri disposti tra le miofibrille e lo stesso sarcolemma. Le cellule muscolari scheletriche sono solitamente molto lunghe potendo disporsi da un capo all'altro del ventre muscolare. Esse possiedono diversi nuclei poiché derivano dalla fusione di numerose cellule singole. La striatura tipica della muscolatura scheletrica deriva dal susseguirsi delle unità funzionali modulari della contrazione, i *sarcomeri*, apprezzabili all'osservazione di una sezione longitudinale di una miofibrilla. Ogni sarcomero è composto da microfilamenti contrattili sottili di una proteina denominata *actina* e microfilamenti contrattili spessi, più grandi dei primi, di un'altra proteina nota come *miosina* (Fig. 8.1). Le strie sarebbero quindi do-

Biologia cellulare nell'esercizio fisico. Livio Luzi
© Springer-Verlag Italia 2010

vute alla parziale sovrapposizione dei filamenti di miosina con quelli actina, che crea delle bande più scure. Viceversa, in altre aree delle unità sarcomeriche si generano bande più chiare per la sola presenza dei filamenti di actina. Quando la fibra si contrae, i filamenti di miosina e di actina scorrono reciprocamente gli uni sugli altri: la sovrapposizione delle due proteine è maggiore durante la contrazione e la fibra muscolare contratta appare uniformemente più scura e quasi priva di striature. L'unità sarcomerica è delimitata entro due linee Z, alle quali si ancorano i filamenti sottili di actina. Le bande chiare vengono denominate I (dal comportamento "isotropico" della luce polarizzata al suo passaggio attraverso la banda);

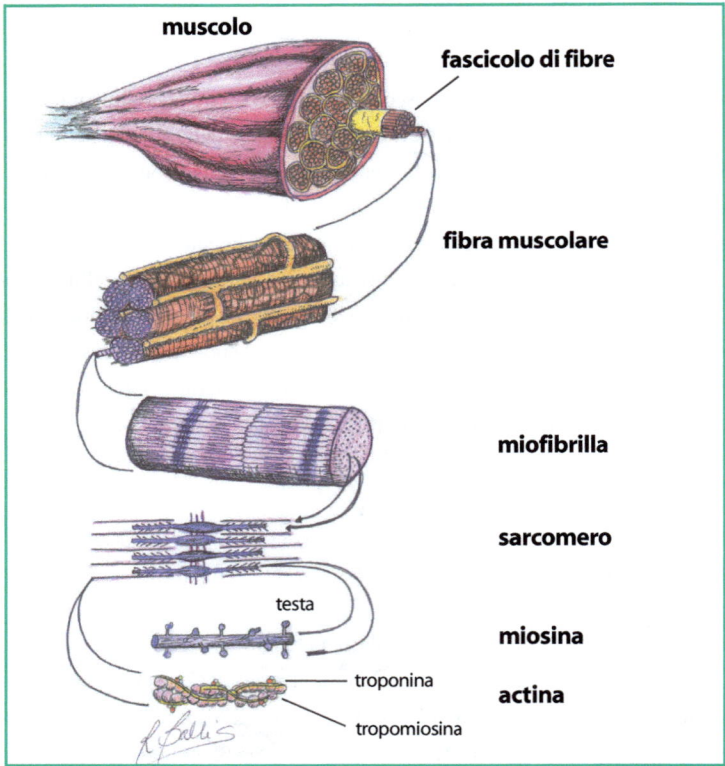

Fig. 8.1 Dal muscolo all'unità sarcomerica. Il muscolo scheletrico è costituito da fasci di fibre muscolari, ognuna delle quali è a sua volta organizzata in cellule contenenti diverse miofibrille. Le miofibrille presentano una caratteristica struttura striata, con i filamenti spessi di miosina e quelli sottili di actina. I filamenti di actina e miosina si sovrappongono durante la contrazione muscolare, nell'unità funzionale del sarcomero. In dettaglio, è apprezzabile come la disposizione dei filamenti permetta determinate interazioni molecolari, particolarmente rilevanti durante lo slittamento: la miosina, con le sue teste globulari e le code polipeptidiche, l'actina con i suoi monomeri globulari, le catene filamentose di tropomiosina e infine la troponina con le sue tre subunità proteiche rispettivamente per l'actina, la tropomiosina e gli ioni calcio. Per gentile concessione della Dr.ssa Rosa Ballis

quelle scure vengono definite A (perché è "anisotropico" il comportamento ottico attraverso queste bande). Sono infine individuate altre zone sarcomeriche rappresentative, quali la zona mediana H e la linea posta al centro di quest'ultima (e quindi al centro dell'intero sarcomero), cioè la linea M (Fig. 8.2).

I filamenti di miosina sono costituiti da due catene polipeptidiche avvolte a spirale l'una sull'altra, terminanti con una testa globulare (Fig. 8.1). La spiralizzazione interessa anche i filamenti di actina, formati da due filamenti intrecciati di monomeri globulari. Altre due catene di proteine filamentose sono avvolte, sempre a spirale, intorno ai filamenti di actina: si tratta della tropomiosina. La spiralizzazione è quindi un espediente che la natura ha evolutivamente selezionato per creare delle strutture biologiche a resistenza meccanica maggiore.

A intervalli regolari, sul filamento di actina si trova infine una proteina globulare, che prende il nome di *troponina* ed è costituita da tre subunità: una per l'actina, una per la tropomiosina e una per gli ioni di calcio. La contrazione muscolare è, di fatto, evocata da una variazione della concentrazione degli ioni calcio all'interno del citoplasma (sarcoplasma) delle cellule muscolari.

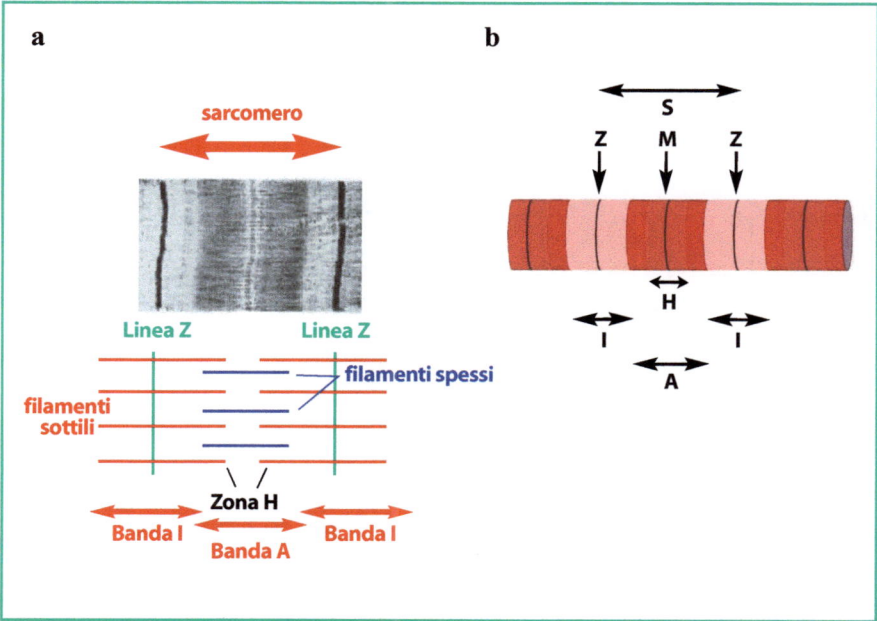

Fig. 8.2 Immagine di un sarcomero (**a**) e schematizzazione delle sue bande (**b**). Nell'immagine al microscopio sono rilevabili i filamenti sottili e spessi. Nella struttura del sarcomero: S = sarcomero; A = banda A (anisotropa); I = band I (isotropa); H = zona H (o banda H); Z = linea Z (o disco Z); M = linea M

8.2
La contrazione muscolare

Per la contrazione di un muscolo è necessario che un impulso elettrico giunga, decorrendo un nervo, sulla superficie della fibra muscolare, a livello della giunzione neuromuscolare (Fig. 8.3). La fibra motoria è innervata dal motoneurone. L'impulso elettrico prende il nome di *potenziale di azione*. L'origine, a monte, di una contrazione volontaria risale all'attivazione del motoneurone della corteccia motoria. Il potenziale d'azione si propaga attraverso la membrana plasmatica *(sarcolemma)*, originandosi dalla giunzione neuromuscolare, cioè a livello della sinapsi tra motoneurone e fibra muscolare. L'onda di depolarizzazione così generata si estende al plasmalemma della fibra muscolare, che contiene i canali ionici voltaggio-dipendenti, e si propaga anche attraverso il sistema dei tubuli T. I tubuli T sono, di fatto, delle strutture trasversali derivanti dal complesso di Golgi che hanno la fun-

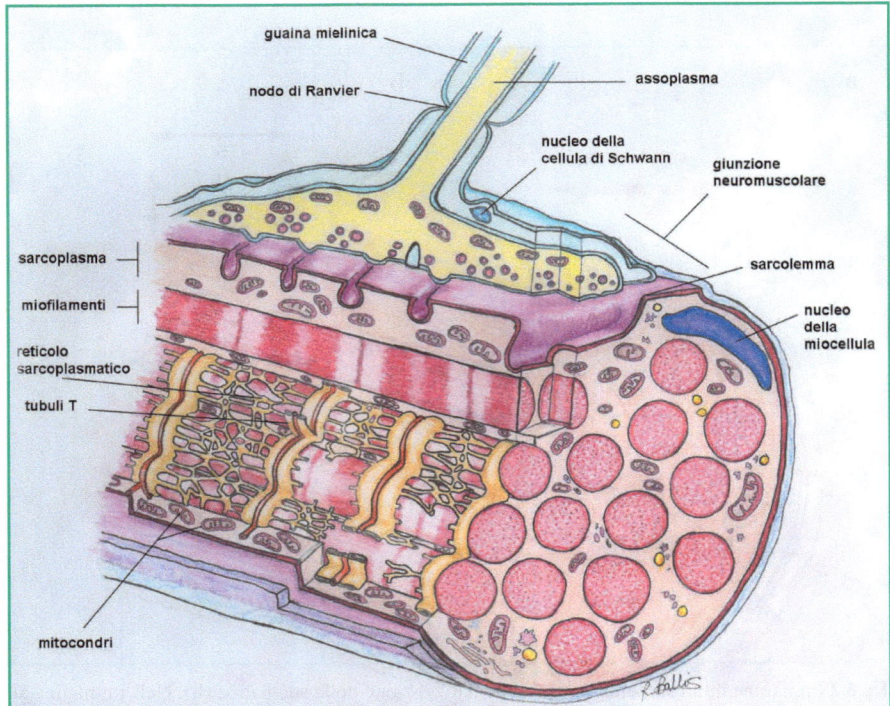

Fig. 8.3 Struttura della giunzione neuromuscolare. Dettaglio delle sedi anatomiche e ultrastrutturali della contrazione muscolare. Per gentile concessione della Dr.ssa Rosa Ballis

zione di liberare ioni calcio. Questi tubuli sono in stretto contatto con una rete di membrane intracellulari che rivestono le miofibrille, cioè il reticolo sarcoplasmatico. All'interno del reticolo sarcoplasmatico si trovano delle pompe per gli ioni calcio, in grado di trasportare questi ioni dal sarcoplasma al *reticolo sarcoplasmatico*. Al sopraggiungere del potenziale d'azione, l'onda di depolarizzazione si propaga attraverso i tubuli T, i canali per gli ioni si aprono e il calcio può essere diffuso dalle cisterne del reticolo sarcoplamatico al sarcoplasma. In questa sede, gli ioni calcio innescano l'interazione actina-miosina determinando così la contrazione muscolare, secondo la *teoria dello scivolamento dei miofilamenti*.

Gli ioni calcio nel sarcoplasma si legano al loro corrispondente sito specifico, sui presidi sovraesposti della molecola troponina, provocandone un cambiamento di conformazione con l'esposizione dei siti di legame per la miosina sui filamenti di actina. Quando gli ioni sono segregati nel reticolo sarcoplasmatico, infatti, i filamenti di tropomiosina coprono e bloccano i siti di legame tra le teste della miosina e l'actina. Il rilascio degli ioni calcio scopre questi siti di legame e consente la formazione dei ponti acto-miosinici (Fig. 8.4). Lo ione calcio, legato al suo sito sulla molecola della troponina, fa cambiare fisicamente po-

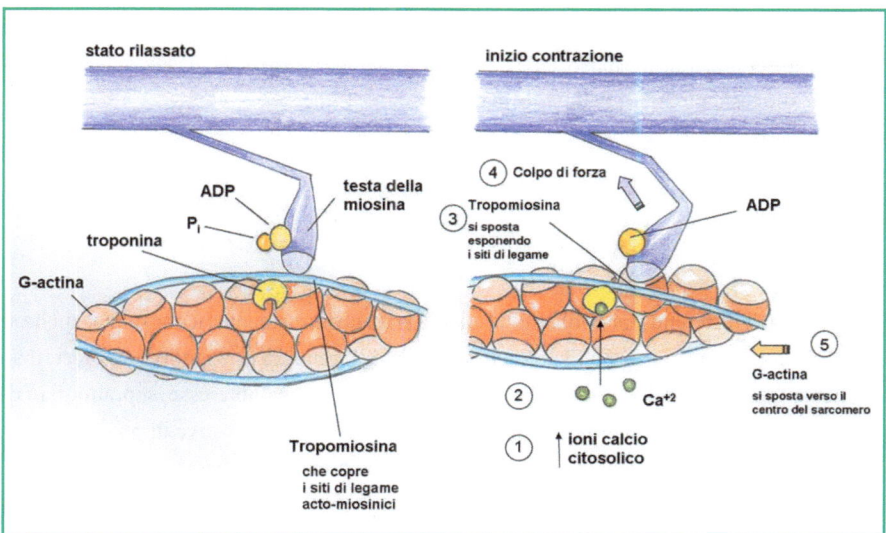

Fig. 8.4 Scorrimento dei miofilamenti nella contrazione muscolare. Nello stato rilassato, il filamento di tropomiosina copre e blocca i siti di legame tra le teste della miosina e l'actina. Il rilascio degli ioni calcio *(1)* innesca la sequenza degli eventi per lo scorrimento reciproco dei filamenti. Il legame del Ca^{+2} sul sito di legame della troponina *(2)* determina il cambiamento conformazionale *(3)* con l'avvicinamento dei complessi acto-miosinici. Il rilascio di fosfato inorganico (Pi) induce il colpo di forza *(4)*: la testa della miosina completa la sua flessione spingendo il filamento di actina verso il centro del sarcomero *(5)*. Al termine del colpo di forza, la testa della miosina rilascia l'ADP e si lega fortemente all'actina: la miosina avrà bisogno di una nuova molecola di ATP per uscire dallo stato di *rigor*

sizione al complesso troponina-actina-tropomiosina e fa avvicinare questo complesso alle molecole di miosina, fino a quando le teste globulari si agganciano e si legano all'actina con conseguente distacco di ADP. La contrazione muscolare è, quindi, una vera e propria reazione a catena innescata dal potenziale d'azione. Durante la fase efficace, la testa globulare della miosina subisce un cambiamento di conformazione determinando lo scorrimento reciproco dei filamenti. Lo sganciamento dell'ADP provoca una specie di "scatto" delle teste globulari che spingono le catene di actina in direzione opposta alla miosina, con conseguente scorrimento dei filamenti di miosina sui filamenti di actina. Si ottiene così la contrazione del sarcomero con l'annullamento, quasi completo, delle zone più chiare (in prossimità delle linee Z). La decontrazione del sarcomero (il rilasciamento della testa globulare della miosina sull'actina) avviene grazie al legame dell'ATP alle teste globulari della miosina. Dopo questo legame, l'ATP viene idrolizzato ad ADP e la miosina torna nella posizione originale di riposo. L'ATP è quindi utilizzato per spezzare i ponti acto-miosinici e non per formarli. Ciò spiega l'irrigidimento dei muscoli post-mortem *(rigor mortis)*. Avere a disposizione nel muscolo striato substrati altamente energetici (ATP e ADP) è fondamentale per un corretto funzionamento delle cellule striate.

Quando il sistema dei tubuli T si ripolarizza, gli ioni calcio vengono rimossi dal sarcoplasma e ripompati nel reticolo sarcoplasmatico, facendo ritornare la fibra muscolare alla sua iniziale condizione di riposo, cioè alla conformazione che maschera i siti di legame dell'actina alle teste globulari della miosina.

8.3
Tipi di fibre

L'esistenza di differenti tipi di fibre muscolari è stata unanimemente riconosciuta, anche se i criteri classificatori possono risultare lievemente differenti tra ricercatori e studiosi. Il significato funzionale della loro differenza ha acquisito crescente interesse, soprattutto in riferimento alle teoriche potenzialità di successo nelle discipline sportive di potenza o resistenza, dipendenti largamente dalla specifica composizione delle fibre muscolari. Tuttavia, anche il significato metabolico che la tipologia muscolare assume negli studi di bioenergetica è di analoga rilevanza per la comprensione dei meccanismi ezio-patogenetici di numerose malattie cronico-degenerative. È bene precisare che, nonostante il fibro-tipo sia geneticamente predeterminato e non facilmente alterabile, un appropriato allenamento può evidenziare la plasticità delle fibre muscolari inducendo importanti effetti sulle potenzialità metaboliche del muscolo, indipendentemente dalla composizione delle fibre.

Sostanzialmente, si considerano due tipi di fibre muscolari che sono distinguibili in base a morfologia, caratteristiche metaboliche e proprietà contrattili: le fibre rapide e quelle lente. In base allo *staining* istochimico, poi, si possono individuare fibre di tipo I, di tipo IIa o di tipo IIb (rispettivamente, lente, intermedie e rapide) (Tabella 8.1).

Tabella 8.1 Caratteristiche delle fibre muscolari umane

Caratteristiche	Tipo I: Lente, rosse, ossidative, resistenti alla fatica	Tipo IIa: Veloci, rosse, ossidative, glicolitiche, resistenti alla fatica	Tipo IIb: Veloci, bianche, glicolitiche, affaticabili
Motoneurone	piccolo	grande	grande
Frequenza di reclutamento	piccolo	medio	elevato
Velocità di contrazione	lento	veloce	veloce
Velocità di rilassamento	lento	veloce	veloce
Potenza	bassa	alta	alta
Resistenza	alta	media	bassa
Densità capillare	alta	media	bassa
Densità mitocondriale	alta	media	bassa
Metabolismo	ossidativo	intermedio	glicolitico
Mioglobina (contenuto)	alto	medio	basso
Attività enzimatica glicolitica	bassa	alta	alta
Attività enzimatica ossidativa	alta	alta	bassa
Glicogeno (contenuto)	basso	alto	alto
Trigliceridi (contenuto)	alto	medio	basso
Fosfocreatina (cont.)	basso	alto	alto
Attività miosina ATP-asi	bassa	alta	alta

8.3.1
Fibre rapide

Una delle caratteristiche funzionali più evidenti nella classificazione delle fibre è rappresentata dalla loro capacità di accorciamento e rilassamento. Le fibre rapide, denominate anche fibre di tipo II o bianche, raggiungono un picco di tensione in 40 ms, in confronto agli

80-100 ms delle fibre muscolari lente. Similmente i tempi di rilassamento delle fibre rapide sono più brevi delle lente. Le fibre rapide possiedono un'elevata velocità di trasmissione del potenziale d'azione, di aumentare la concentrazione sarcoplasmatica di calcio e, soprattutto, un'elevata capacità anaerobica facendo largamente ricorso al metabolismo glicolitico. Le fibre rapide sono, pertanto, principalmente reclutate in tutte le discipline di velocità e potenza, o in giochi di squadra caratterizzati da un'intermittente richiesta di sforzi brevi e intensi.

8.3.2
Fibre lente

Le fibre lente, di tipo I o rosse, sono ricche di mitocondri perché a spiccato metabolismo aerobico. In questo istotipo, i mitocondri sono localizzati alla periferia della fibra muscolare per fruire del rifornimento di ossigeno e dei nutrienti dei capillari sanguigni. La loro colorazione rossa è dovuta alla presenza di mioglobina, un pigmento respiratorio intracellulare, capace di legarsi all'ossigeno e di rilasciarlo solo in condizioni di bassa pressione parziale (come accade in prossimità dei mitocondri). Le fibre godono quindi di maggiori perfusione e densità del letto capillare. Queste fibre, inoltre, mostrano un'elevata capacità per il metabolismo ossidativo, sono resistenti alla fatica e specializzate per la performance di endurance, o per sforzi intensi e protratti.

8.3.3
Fibre intermedie

Sono fibre che riassumono proprietà intermedie, appunto, rispetto alle due predette. Le fibre di tipo IIa sono di colorazione rossa, contengono miosina ATP-asi veloce come nelle fibre di tipo IIb (la miosina ATP-asi è un enzima responsabile della velocità di accorciamento del sarcomero), ma possiedono una capacità ossidativa superiore a quella delle fibre classicamente veloci. In realtà, esse possiedono una discreta capacità sia aerobica che anaerobica. Sono complessivamente ritenute fibre di transizione. Una più esauriente descrizione delle caratteristiche di tali fibre è apprezzabile in Tabella 8.1.

Vi sono condizioni, a onor del vero, in cui sia le fibre lente che quelle rapide sono coinvolte: è il caso di sport con intensità prossime al massimo consumo di ossigeno con l'aggiunta di una componente anaerobica (ad esempio, il mezzofondo).

8.4
Atleti di forza, atleti di resistenza

Le determinazioni genetiche alla base delle eccezionali performance degli atleti d'élite di endurance e di potenza possono rivelare anche le loro rispettive caratteristiche metaboliche. La tipologia muscolare, che rispecchia la proporzione di fibre rapide e lente, è molto importante nel definire le caratteristiche atletiche individuali. Fin dai primi studi sulla fisiologia dell'esercizio, le biopsie muscolari hanno sempre mostrato una preponderanza di *fast twich fibers* di tipo IIb negli atleti d'élite di potenza e *slow twich fibers* di tipo I tra gli *endurance runners*. Sicuramente la ricchezza di fibre lente negli atleti di resistenza spiega una soglia molto elevata per i lattati. Nei soggetti non allenati la porzione di fibre lente nel muscolo vasto laterale del quadricipite femorale corrisponde circa al 55% del totale; le fibre intermedie, invece, sono il doppio di quelle veloci [1].

Poiché il muscolo scheletrico è cruciale sia per lo smaltimento del glucosio post-prandiale, sia per la performance atletica, appare logico che le intrinseche differenze nella composizione delle fibre muscolari possano riflettere nel contempo le proprietà metaboliche e le potenzialità per eccellere in una specialità sportiva. In particolare, gli atleti d'élite di potenza sembrano essere più insulino-resistenti degli atleti d'élite di endurance. Lo strenuo esercizio di natura eccentrica, ad esempio, determina un danno muscolare con una diminuzione del numero di GLUT4 e una conseguente perdita di insulino-sensibilità [2].

Osservando solamente il corredo istologico, gli atleti di forza e di potenza sembrano mostrare un maggior rischio metabolico per l'insulino-resistenza. Alcuni specifici studi sul detraining, però, hanno provato che sia gli atleti di forza, sia quelli di endurance, sono in grado di contenere i peggioramenti nella tolleranza glucidica in seguito a un periodo di riposo forzato [3]. Questo significa che gli atleti, indipendentemente dalla loro estrazione agonistica, sono in condizione di preservare l'insulino-sensibilità contro l'inattività fisica meglio di chiunque altro. Sono il corredo genetico e l'effetto cronico dell'allenamento a spiegare le differenze di insulino-sensibilità tra i due tipi di atleti, piuttosto che l'ultima sessione di esercizio praticata.

La straordinaria eterogeneità della composizione delle fibre muscolari (non altrettanto riscontrabile, ad esempio, nei roditori) [4] giustifica la variabilità nelle capacità prestative umane. Non è per niente scontata, quindi, l'equazione tra proprietà metaboliche e performance sportive partendo dalla mera valutazione delle fibre muscolari. Ad esempio, due corridori con tempi simili sulla distanza della maratona possedevano rispettivamente il 50 e il 98% di *slow twich fibers* [1]. È molto più probabile formulare una predizione attendibile sulle caratteristiche metaboliche di un individuo non allenato che determinare l'entità delle performance sportive, specie tra atleti d'élite. Altri parametri fisiologici, nel corso dei vari *training studies,* si sono dimostrati più affidabili per definire i limiti superiori delle capacità sportive. In alte parole, la genetica è condizione necessaria ma non sufficiente per eccellere nello sport ad alto livello.

Nei diabetici di tipo 2, la quantità di fibre lente a metabolismo prevalentemente ossidativo, è solitamente carente rispetto al pool di fibre di tipo IIa e IIb, spiccatamente più glicolitiche. Anche nei parenti dei diabetici di tipo 2, è stato riscontrato un numero percentuale di fibre di tipo IIb significativamente più alto rispetto a soggetti sani [5,6].

L'insulino-sensibilità è correlata alla quantità di *slow twich fibers* ossidative. Più specificatamente, il trasporto di glucosio insulino-stimolato è maggiore nel tessuto muscolare ricco di fibre di tipo I [5,6].

Pur essendo determinato geneticamente, l'assetto istologico individuale è comunque parzialmente modificabile (o sarebbe meglio dire "rimodellabile") con l'allenamento, grazie alla specificità degli stimoli allenanti. Questa considerazione assume valore soprattutto in relazione alle necessità ossidative dei soggetti con diabete di tipo 2. L'insulino-sensibilità e la capacità ossidativa sono deteriorate da altre due condizioni: l'invecchiamento e l'inattività fisica.

Bibliografia

1. Saltin B, Henriksson J, Nygaard E et al (1997) Fiber types and metabolic potentials of skeletal muscles in sedentary man and endurance runners. Ann N Y Acad Sci 301:3-29
2. Asp S, Daugaard JR, Richter EA (1995) Eccentric exercise decreases glucose transporter GLUT4 protein in human skeletal muscle. J Physiol 482: 705-712
3. Rogers MA, King DS, Hagberg JM et al (1990) Effect of 10 days of physical inactivity on glucose tolerance in master athletes. J Appl Physiol 68(5):1833-1837
4. Terada S, Yokozeki T, Kawanakak et al (2001) Effects of high-intensity swimming training on GLUT-4 and glucose transport activity in rat skeletal muscle. J Appl Physiol 90(6):2019-2024
5. Borghouts LB, Wagenmarkers AJ, Goyens PL, Keizer HA (2002) Substrate utilization in non-obese Type II diabetic patients at rest and during exercise. Clin Sci (Lond) 103(6):559-566
6. Kennedy JW, HirshmanMF, Gervino EV et al (1999) Acute exercise induces GLUT4 translocation in skeletal muscle of normal human subjects and subjects with type 2 diabetes. Diabetes 48(5):1192-1197

Letture consigliate

American Diabetes Association (1998) Medical management of type 2 diabetes. 4th ed. Clinical education series. Alexandria, VA, American Diabetes Association. xiii, p.139

Kent-Braun JA, Ng AV (2000) Skeletal muscle oxidative capacity in young and older women and men. J Appl Physiol 89(3):1072-1078

Ruderman N et al (2002) Handbook of exercise in diabetes. [2nd ed.] Alexandria, VA: American Diabetes Association. xvii, p.699

Modulazione del metabolismo energetico cellulare da parte dei nutrienti in corso di esercizio fisico

R. Codella, G. Perseghin, L. Luzi

L'energia necessaria per espletare qualsiasi attività muscolare o funzione biologica deriva dalla trasformazione di 3 nutrienti, presenti negli alimenti: i carboidrati, le proteine e i grassi (Fig. 9.1). I nutrienti sono costituiti dagli zuccheri, dagli aminoacidi e dagli acidi grassi liberi (FFA).

Per far fronte alle maggiori richieste energetiche durante l'esercizio fisico, il flusso di glucosio e acidi grassi accelera dai siti di stoccaggio verso i muscoli in attività, per permettere in queste sedi la conversione dei substrati in energia. Per sforzi di minore entità, gli aminoacidi possono essere utilizzati come principale carburante, in particolar modo quando la disponibilità degli altri substrati risulti limitata. Nel passaggio dallo stato di riposo a quello di esercizio di moderata intensità, i muscoli muteranno il loro principale combustibile dagli acidi grassi liberi ad una miscela di FFA, glucosio extramuscolare e glicogeno. Negli stadi iniziali dell'esercizio, il glicogeno è la fonte energetica principale. Con il protrarsi dell'esercizio, il contributo del glucosio circolante e degli acidi grassi liberi risulta più consistente, soprattutto considerando la deplezione del glicogeno muscolare. Aumentando l'intensità dell'esercizio, nel bilancio dei substrati energetici utilizzati, diviene preponderante l'ossidazione dei carboidrati.

Durante l'esercizio fisico, nella maggior parte delle condizioni, l'interazione glucagone-insulina è responsabile della produzione epatica di glucosio, mentre l'interazione epinefrina-insulina controlla il consumo di glucosio da parte del muscolo scheletrico. Il cervello ricopre un ruolo essenziale in queste regolazioni. Sebbene la risposta metabolica all'esercizio sia influenzata da diversi fattori quali lo stato nutrizionale, l'età, il tipo di esercizio, la condizione fisica, il contributo di ogni specifico substrato dipenderà sempre dall'intensità e dalla durata del lavoro fisico.

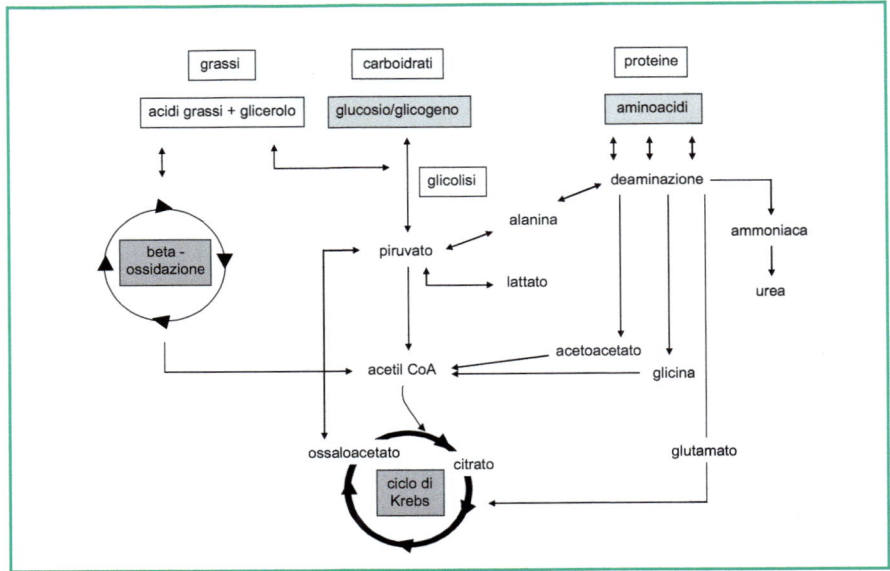

Fig. 9.1 Schematica rappresentazione delle principali vie metaboliche implicate nel metabolismo energetico di carboidrati, lipidi e proteine come substrati. I carboidrati possono partecipare sia alle vie aerobiche che anaerobiche. Nella glicolisi, il glucosio 6-fosfato (derivato dal glicogeno o dal glucosio) è degradato a lattato in condizioni anaerobiche, e a piruvato, in condizioni aerobiche. Il piruvato è convertito ad acetil-CoA, che è completamente ossidato nel ciclo di Krebs. I lipidi, sottoforma di trigliceridi, sono idrolizzati ad acidi grassi e glicerolo. Quest'ultimo entra nella via glicolitica, mentre gli acidi grassi sono convertiti attraverso la β-ossidazione ad acetil-CoA, successivamente ossidato nel ciclo di Krebs. Il catabolismo proteico libera aminoacidi che possono essere convertiti sia in prodotti intermedi del ciclo di Krebs, oppure in piruvato o acetoacetato, che saranno poi trasformati in acetil-CoA

9.1
Sistemi metabolici in corso di esercizio

L'apporto energetico richiesto per compiere il lavoro meccanico è fornito chimicamente sotto forma di ATP. Infatti, l'energia che si libera dall'idrolisi della molecola di adenosintrifosfato è utilizzata per ogni forma di lavoro biologico. Tuttavia, le riserve di ATP nell'organismo sono limitate e devono perciò essere risintetizzate continuamente per soddisfare la domanda energetica. La scissione e la risintesi di ATP possono avvenire attraverso diversi meccanismi:

1) L'ATP è scisso enzimaticamente ad adenosindifosfato (ADP) e fosfato inorganico (Pi) per ottenere l'energia richiesta dall'attività muscolare.
2) La fosfocreatina (PCr) è scissa enzimaticamente a creatina (Cr) e fosfato. L'energia che si libera dalla scissione della PCr viene usata per la sintesi ATP partendo da ADP e Pi.

3) Il glucosio 6-fosfato, derivante dal glicogeno muscolare o dal glucosio ematico, è convertito a lattato nella glicolisi anaerobica e produce ATP con una fosforilazione a livello di substrato.
4) I prodotti del metabolismo dei carboidrati, grassi, proteine e alcoli possono entrare nel ciclo di Krebs nei mitocondri ed essere quindi ossidati ad anidride carbonica e acqua. Questo processo, culminante con la fosforilazione ossidativa, produce energia per la sintesi di ATP. Parte di questo ATP può quindi essere usato nella risintesi di PCr che viene esaurita durante esercizio fisico intenso.

Nei primi 5-6 secondi di intensa attività muscolare, specie di potenza, l'organismo può fare affidamento sull'ATP già presente nelle cellule muscolari (80-100 gr in un normoindividuo di 70 Kg di peso corporeo). Oltre questo intervallo di tempo, nuovo ATP deve essere riformato per consentire l'attivazione delle contrazioni muscolari e, in ultima istanza, il lavoro biologico massimale. Per sforzi che eccedono la capacità energetica offerta dalle riserve di ATP muscolare, i successivi 10-15 secondi di potenza muscolare possono essere garantiti dal sistema fosfageno della PCr, la cui concentrazione cellulare è 4-6 volte maggiore di quella dell'ATP. Per la loro immediata disponibilità, i sistemi fosfageni vengono anche definiti del "pronto impiego".

Per periodi di esercizio più lunghi e intensi, l'organismo deve ricorrere a sistemi che scindono gli zuccheri (glucosio) per produrre ATP.

La completa scissione del glucosio può avvenire in 2 modi: in assenza o in presenza di ossigeno. Nel primo caso, con la glicolisi anaerobica, il glucosio viene degradato ad acido piruvico (o lattico) con un guadagno complessivo di 2 molecole di ATP. Nel secondo caso, i prodotti intermedi di degradazione del glucosio entrano nel ciclo di Krebs e vengono finalmente ossidati a livello della catena respiratoria con la sintesi di 36 molecole di ATP, per mole di glucosio. Nella glicolisi, la formazione di acido piruvico (e/o lattico) fornisce energia sufficiente per coprire 30-40 secondi di attività massimale, oltre la capacità offerta dai sistemi fosfageni. Il sistema aerobico, invece, fornisce l'energia eccedente i sistemi del pronto-impiego e glicolitici, ed è unicamente limitato dalla capacità dell'organismo di rifornire la fornace metabolica dell'ossigeno e dei nutrienti richiesti da "bruciare".

Dunque, per brevi sprint di 30-50 m, la velocità di corsa non decresce negli ultimi metri e la massima potenza è assicurata dalla scissione dei fosfati altamente energetici. Inoltre, l'intervallo di recupero da uno sforzo breve e intenso è piuttosto rapido e un secondo sprint, della medesima velocità del primo, può essere ripetuto dopo appena 2-3 minuti di recupero, tempo sufficiente a ripristinare il serbatoio dei gruppi fosfageni. Per distanze maggiori (per esempio, 100 m o più), i tempi di recupero si allungheranno, per poter esprimere una performance di eguale potenza.

Nell'esercizio a elevata intensità, le scorte di glicogeno muscolare sono demolite rapida-

Tabella 9.1 Capacità e potenza dei sistemi anaerobici per la produzione di ATP[a]

	Capacità (mmol ATP Kg dm^{-1})	Potenza (mmol ATP Kg dm^{-1} s^{-1})
Sistema fosfageno	55-95	9
Sistema glicolitico	190-300	4.5
Combinato	250-370	11

[a] Valori espressi per Kg di muscolo fresco (dm = *dry mass*), e basati su approvvigionamento di ATP stimato durante esercizio fisico intenso nel muscolo vasto laterale

mente con cospicua produzione di acido lattico. L'acido lattico si forma nel processo della glicolisi anaerobica, quando l'ossidazione del NADH (che forma NAD$^+$) non è sufficientemente rapida in relazione alla velocità delle reazioni glicolitiche. Parte del lattato fuoriesce dalle fibre muscolari, dove è prodotto, e si riversa nel torrente ematico. Gran parte delle riserve di glicogeno muscolare può essere impiegata per la produzione anaerobica di energia in corso di esercizio molto intenso, rifornendo l'organismo per quegli sforzi di massima intensità che durano dai 20 secondi ai 5 minuti.

Come indicato nella Tabella 9.1, sebbene la capacità totale del sistema glicolitico è superiore a quella del fosfageno, la velocità a cui può produrre energia (ATP) risulta inferiore. Di conseguenza, la potenza che può essere mantenuta dal sistema glicolitico è inferiore, e per questa ragione le massime velocità di corsa non possono essere sostenute per più di pochi secondi: una volta che i fosfageni sono esauriti, l'intensità dell'esercizio deve necessariamente crollare.

9.2
Fattori che influenzano la selezione dei substrati energetici durante l'esercizio

È noto che diversi fattori possono influenzare l'utilizzo dei substrati in corso di esercizio; inoltre, tra alcuni di essi, possono verificarsi significative interazioni. Tali fattori includono:
- disponibilità dei substrati;
- stato nutrizionale;
- età;
- modalità, intensità e durata dell'esercizio;
- composizione delle fibre muscolari;
- stato di forma fisica;
- effetto dell'allenamento;
- effetto di farmaci o altre sostanze;

- effetto degli ormoni;
- ultima sessione di allenamento;
- fattori ambientali, quali la temperatura e l'altitudine.

Il fattore più importante, determinante nell'influenzare la selezione dei substrati energetici per il lavoro muscolare, è rappresentato dall'intensità dell'esercizio. La Tabella 9.2 mostra le proporzioni tra fonti aerobiche e anaerobiche della richiesta energetica per una data intensità e durata di esercizio. Così, nei 100 m corsi in circa 10 s, quasi il 90% dell'energia deriva dal meccanismo anaerobico. Di contro, per i 42 Km della maratona corsi al tempo record di poco più di 2 ore, il 99% della spesa energetica è attinto dalla sorgente aerobica. Perciò, in quest'ultimo caso, l'ossigenazione dei tessuti muscolari, dipendente dall'intensità e dalla durata dell'esercizio, diviene il fattore determinante nell'utilizzo dei substrati.

Tabella 9.2 Contributo approssimativo delle fonti energetiche aerobiche e anaerobiche alla produzione totale di energia in competizioni di differente durata e con impegno fisico massimale

Distanza	Tempo [a] (min:s)	% Aerobico	% Anaerobico
100 m	9.58	10	90
400 m	43.18	30	70
800 m	1:41.11	60	40
1500 m	3:26.00	80	20
5000 m	12:37.35	95	5
10000 m	26:17.53	97	3
42.2 Km	123:59	99	1

[a] I tempi indicati corrispondono ai record mondiali maschili outdoor secondo la IAAF, all'agosto 2009.

Gli adattamenti muscolari indotti dall'allenamento incidono anch'essi considerevolmente sulla scelta e sul consumo dei substrati durante la performance fisica. L'allenamento di *endurance* aumenta la densità mitocondriale del muscolo in attività (effetto specifico alle sedi muscolari distintamente impegnate in una disciplina sportiva), accresce la densità capillare, amplia la relativa area trasversale delle fibre di tipo I, incrementa il contenuto di trigliceridi intramuscolari e la corrispondente capacità di usare i lipidi come fonte energetica preferenziale durante esercizio di intensità submassimali.

Questi effetti, oltre a quelli fisiologici indotti dall'allenamento (migliorata ossigenazione dei muscoli in attività e alterate risposte ormonali all'esercizio), diminuiscono la quota di utilizzazione del glicogeno muscolare e del glucosio di provenienza ematica e mitigano l'accumulo di lattato durante l'esercizio submassimale. Tali adattamenti contribuiscono allo sviluppo della capacità di resistenza indotta dall'allenamento.

9.3
Metabolismo lipidico ed esercizio

L'idrolisi dei trigliceridi è meglio conosciuta come lipolisi. In questo processo, una molecola di trigliceride viene scissa in una molecola di glicerolo e tre molecole di acidi grassi. La mobilizzazione dei grassi è favorita da una serie di condizioni caratterizzate da accresciuto bisogno energetico: esercizio, dieta ipocalorica, digiuno, ipotermia. Gli acidi grassi, rilasciati dai trigliceridi dei siti di accumulo adiposo o dai depositi lipidici intramuscolari, possono essere riversati nel torrente circolatorio e raggiungere il tessuto muscolare come FFA. Gli acidi grassi liberi costituiscono una fonte energetica facilmente utilizzabile attraverso il processo di beta-ossidazione e perciò possono contribuire significativamente alle richieste energetiche dell'esercizio. In intervalli ristretti di esercizio di intensità da lieve a moderata, l'energia è fornita approssimativamente in uguale misura dall'ossidazione dei carboidrati e dei lipidi. Se lo sforzo è protratto per un'ora e più, è logico un progressivo incremento della quota di lipidi utilizzati a scopo energetico. Nell'esercizio di *ultra-endurance*, i lipidi (soprattutto FFA) possono rifornire oltre l'80% dell'energia richiesta. Tale fenomeno ha origine da una probabile modesta diminuzione dei livelli di glucosio circolante con conseguente aumento del glucagone (e decremento di insulina) rilasciato dal pancreas. Queste modificazioni ormonali stimolano la mobilizzazione e il successivo utilizzo dei lipidi come substrato energetico. Il consumo di FFA cresce progressivamente nel corso di esercizio moderato protratto fino a 4 ore. Il processo lipolitico è favorito dall'esercizio, ma avviene solo in maniera graduale. Inoltre, esso non cessa immediatamente al termine dell'esercizio. Infatti, una volta interrotto il lavoro muscolare, mentre il consumo di FFA si arresta quasi bruscamente, la stimolazione lipolitica persiste, determinando un apprezzabile incremento della concentrazione plasmatica di FFA, anche a sessione di allenamento conclusa.

A dispetto delle limitate riserve di carboidrati nel corpo umano, le scorte lipidiche sono abbondanti e, in termini di quantità disponibili, non limitano la performance nell'esercizio prolungato (vedasi Capitolo 6, Tabella 6.1). Il grasso è una fonte energetica più efficiente dei carboidrati se consideriamo unicamente la quantità di energia rilasciata per grammo di substrato. La completa ossidazione dei lipidi nel corpo frutta 37-39 kJ g^{-1}, laddove l'energia ottenuta dall'ossidazione dei carboidrati è di soli 15-16 kJ g^{-1}. Tuttavia, tenendo conto dell'energia prodotta per litro di ossigeno consumato, l'ossidazione dei grassi sprigionerebbe una quota di energia dell'8-10% inferiore a quella riscossa dai carboidrati. Il principale problema associato all'utilizzo dei lipidi come fonte per l'esercizio non è rappresentato dalla disponibilità fisica dei grassi come substrato energetico, quanto dalla quantità di lipidi che il muscolo può prelevare e ossidare esoergonicamente. In altre parole, l'ossidazione lipidica può fornire ATP solo a una quota sufficiente per mantenere l'intensità dell'esercizio pari a circa il 60% del VO$_2$max. La principale limitazione può essere la quota di ingresso di lipidi nel mitocondrio. Per generare ATP a fronte di intensità superiori di esercizio fisico, devono necessariamente essere utilizzati i carboidrati. Sia con la via ossidativa che con la glicolisi anaerobica, l'utilizzo dei carboidrati fornisce ATP a una velocità superiore a quella della ossidazione lipidica. Nella maggior parte delle forme di esercizio submassimale, una miscela di grassi e zuccheri è ossidata per liberare l'energia impiegata nelle contrazioni muscolari. Ovviamente, maggiore è la quantità di lipidi che può essere utilizzata come fonte energetica, maggiore sarà il risparmio delle limitate riserve glucidiche e, quindi, l'esercizio potrà essere ulteriormente prolungato.

9.3.1
Influenza dell'allenamento di endurance sul metabolismo lipidico durante l'esercizio

La velocità di ossidazione dei FFA è direttamente proporzionale alla concentrazione plasmatica di FFA e al flusso sanguigno ed è regolata, almeno parzialmente, dalla capacità ossidativa delle fibre muscolari reclutate e dalla capacità delle scorte di carboidrati. Il consumo muscolare di FFA è comunque un processo mediato da carrier che obbedisce a cinetiche di saturazione. Naturalmente l'allenamento di resistenza aumenta la capacità del muscolo di ossidare i grassi. I principali adattamenti fisiologici all'allenamento di *endurance* (per esempio, l'aumentata densità capillare) comportano un miglioramento nell'irrorazione sanguigna e nella distribuzione dei substrati (glucosio e FFA) ai muscoli reclutati, e una maggior efficienza di estrazione dell'ossigeno dai muscoli in esercizio. La capacità ossidativa enzimatica delle fibre muscolari può raddoppiare in confronto allo stato sedentario, a causa dell'incremento della densità mitocondriale. A ciò si deve aggiungere un aumento degli enzimi responsabili dell'ossidazione lipidica, inclusi quelli coinvolti nella beta-ossidazione degli acidi grassi. Ampliamenti della densità dei β-adrenorecettori sulla superficie degli adipociti aumentano la sensitività del processo lipolitico alle catecolamine in seguito all'allenamento. I livelli plasmatici di insulina e la produzione di lattato durante l'esercizio sono inferiori rispetto al non-allenato: entrambe le condizioni promuovono ulteriormente la lipolisi.

I depositi di trigliceridi intramuscolari sono più elevati nei soggetti che praticano *endurance* rispetto ai sedentari [1]. Questo è perlomeno paradossale, se pensiamo che i trigliceridi intramuscolari sono stati riconosciuti come marker di diminuita insulino-sensibilità [2]. In diversi studi, infatti, il contenuto di lipidi intramiocellulari (IMCL) negli atleti di *endurance* è superiore rispetto ai sedentari [1] ed è sorprendentemente simile a quello riscontrabile nel muscolo di un paziente affetto da diabete di tipo 2 (per il quale, evidentemente, esiste una relazione diretta tra quantità di IMCL e insulino-resistenza) [2]. Ci sono inoltre evidenze scientifiche, secondo cui le riserve di trigliceridi intramuscolari sono maggiormente sfruttate in seguito all'allenamento. L'esercizio di *endurance*, quindi, favorisce l'ossidazione dei grassi da parte dei muscoli in attività, così risparmiando le scorte glucidiche. Inoltre, questo significa che, nei soggetti allenati alla resistenza, i lipidi possono essere ossidati a intensità assolute di esercizio più elevate rispetto allo stato sedentario [3].

9.4
Trasformazione dei substrati più efficienti

Efficienza metabolica. Nel lavoro a elevata intensità, quando l'idrolisi dell'ATP è accelerata e la disponibilità di ossigeno limitata, i carboidrati rappresentano il substrato principalmente sfruttato. La produzione di ATP dall'ossidazione del glucosio nel citoplasma avviene più rapidamente rispetto a quella derivante dall'ossidazione dei grassi nei mitocondri. Inoltre, considerando che gli atomi di carbonio del glucosio sono già parzialmente ossidati, essi richiedono meno ossigeno per la loro completa trasformazione in confronto alla struttura carboniosa, altamente saturata, dei grassi. Di conseguenza, quando la disponibilità di ossigeno risulti limitata, per esempio durante esercizio strenuo, il glucosio è la fonte energetica più efficiente.

Efficienza di immagazzinamento. L'esercizio a bassa intensità sostenibile per lunghi periodi si basa sull'ossidazione dei grassi come via metabolica preferenziale. In queste circostanze, la velocità e l'efficienza di trasformazione energetica risultano secondarie all'efficienza di immagazzinamento dei substrati. Infatti, proprio a causa del differente grado di saturazione degli FFA e degli atomi di carbonio del glucosio, dall'ossidazione dei trigliceridi è ottenibile il doppio dell'energia rispetto a una equivalente quantità di glicogeno. Inoltre, mentre il glicogeno è stivato con l'acqua, i grassi non si mescolano con l'acqua e vengono conservati in forma pura. Quindi, l'economia di stoccaggio dei grassi rende questo substrato più efficiente per l'attività muscolare di lunga durata.

9.5
Regolazione metabolica durante l'esercizio

L'esercizio fisico è contraddistinto da diverse risposte endocrine e accresciuti stimoli adrenergici, che sono dipendenti dall'intensità e dalla durata dello sforzo.

Secondo quanto emerge dalla letteratura, il controllo ottimale del bilancio energetico durante l'esercizio è garantito principalmente dall'azione combinata dell'insulina, dal glucagone e dalle catecolamine [3]. In generale, l'esercizio è caratterizzato da una diminuita secrezione di insulina e da un'aumentata secrezione di glucagone, catecolamine, cortisolo e ormone della crescita. Per esempio, la lipolisi è attivata durante l'esercizio dall'azione del glucagone e adrenalina. Il segnale per queste modificazioni ormonali e neurali sarebbe riconducibile all'aumentata afferenza nervosa proveniente dal muscolo in attività. Verosimilmente, oltre a fattori ormonali, altre variabili come stimoli in uscita dal sistema nervoso centrale, spostamenti del flusso sanguigno o anche minimi cambiamenti della glicemia, svolgono un ruolo nel controllo metabolico dei nutrienti in corso di esercizio fisico.

9.5.1
Mantenimento dell'omeostasi glucidica

La produzione epatica di glucosio (per glicogenolisi o gluconeogenesi) è così strettamente associata all'aumentato consumo di glucosio periferico indotto dall'esercizio, che i livelli di glicemia non sono generalmente perturbati, nemmeno in situazioni di elevata domanda di glucosio. In determinate circostanze, tuttavia, la concentrazione ematica di glucosio può deviare dai livelli basali, persino nei soggetti normali. Nell'esercizio prolungato, per esempio, le riserve di carboidrati gradualmente in diminuzione possono causare una caduta nei livelli di glucosio circolante, mentre nell'esercizio intenso può manifestarsi un innalzamento glicemico dovuto al prevaricare della produzione epatica di glucosio sul metabolismo del glucosio stesso.

Bibliografia

1. Goodpaster BH, He J, Watkins S, Kelley DE (2001) Skeletal muscle lipid content and insulin resistance: evidence for a paradox in endurance-trained athletes. J Clin Endocrinol Metab 86:5755-5761
2. Perseghin G, Scifo P, De Cobelli F et al (1999) Intramyocellular triglyceride content is a determinant of in vivo insulin resistance in humans: a 1H-13C nuclear magnetic resonance spectroscopy assessment in offspring of type 2 diabetic parents. Diabetes 48:1600-1606
3. Hargreaves M (1995) Exercise metabolism. Human Kinetics Champaign, IL, USA

Letture consigliate

Houston, ME (2006) Biochemistry primer for exercise science, Human Kinetics Champaign, IL, USA, 2006.
Willmore JH, Costill LC (2004) Physiology of sport and exercise. 3rd Edition, Human Kinetics Champaign, IL, USA, 3rd Edition

Aminoacidi e metabolismo proteico nella cellula muscolare

10

S. Benedini

10.1 Definizione degli aminoacidi

Gli aminoacidi sono i componenti essenziali delle proteine, composte da catene più o meno lunghe e complesse degli stessi.

All'interno del corpo umano, le proteine possono avere varie funzioni. Funzioni plastiche (costituzione di muscoli e tessuti), funzioni di regolazione (alcuni ormoni sono di natura proteica), funzione catalizzatrice (come costituenti di parte della struttura enzimatica), funzione di difesa (come anticorpi) e altre funzioni ancora.

Le proteine (prodotte a partire dagli aminoacidi), da un punto di vista strutturale, sono costituite da carbonio, idrogeno, ossigeno, azoto e zolfo.

Le proteine hanno delle disposizioni spaziali caratterizzate dai diversi tipi di aminoacidi che contengono e possono essere ad alfa elica o a struttura beta. La stabilità delle alfaeliche è data dalla capacità di dare interazioni elettrostatiche fra i diversi residui degli aminoacidi.

Gli aminoacidi (o amminoacidi) sono l'unità strutturale primaria delle proteine.

Possiamo quindi immaginare gli aminoacidi come "mattoncini" che, uniti da un collante chiamato legame peptidico, formano una lunga sequenza che dà origine a una specifica proteina.

All'interno dello stomaco e del duodeno, questi legami vengono rotti e i singoli aminoacidi giungono sino all'intestino tenue dove vengono assorbiti come tali e utilizzati dall'organismo.

Dal punto di vista chimico, l'aminoacido è un composto organico contenente un grup-

Biologia cellulare nell'esercizio fisico. Livio Luzi

© Springer-Verlag Italia 2010

po carbossilico (COOH) e un gruppo aminico (NH2). Oltre a questi due gruppi, ogni aminoacido si contraddistingue dagli altri per la presenza di un residuo (R), conosciuto anche con il nome di catena laterale dell'aminoacido (Fig. 10.1).

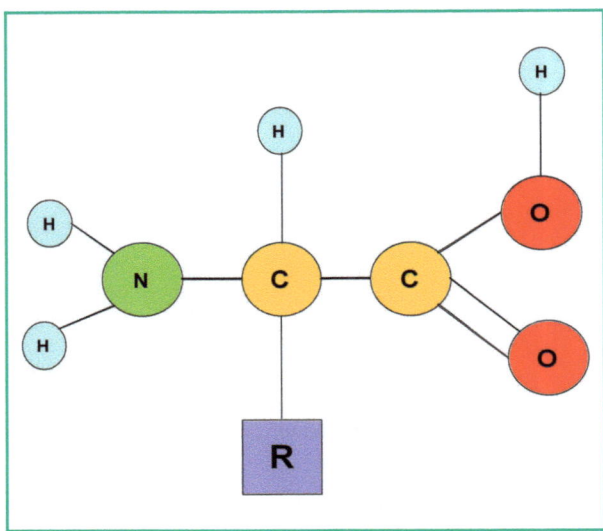

Fig. 10.1 Struttura generica di un aminoacido. R rappresenta un residuo conosciuto anche con il nome di catena laterale dell'aminoacido (specifico per ogni aminoacido)

10.2
Funzioni degli aminoacidi

La funzione primaria degli aminoacidi è quella di intervenire nella sintesi proteica, necessaria per far fronte ai processi di rinnovamento cellulare dell'organismo. Oltre a questa funzione, detta "plastica", gli aminoacidi hanno anche una modesta ma non trascurabile importanza nella produzione energetica (in modo particolare grazie agli aminoacidi ramificati).

Le proteine ingerite con il cibo vengono scisse durante il processo della digestione in molecole più piccole degli aminoacidi, che passano nel sangue e vengono assunte dalle cellule.

Nelle molecole degli aminoacidi c'è una parte che contiene azoto, quando gli aminoacidi sono usati per produrre energia, che viene liberato e può danneggiare l'organismo se non viene eliminato. Il sangue provvede pertanto a trasportare l'azoto al fegato, dove è trasformato in urea, che a sua volta viene trasportata ai reni, per poi essere espulsa con l'urina.

Eliminata la frazione azotata, gli aminoacidi possono partecipare al ciclo di Krebs e produrre energia, oppure, come il glucosio, essere trasformati in glicogeno (che viene accumulato a livello epatico). Ma, l'organismo necessita di aminoacidi anzitutto per la produzione delle proprie proteine da utilizzare nell'accrescimento e per rimpiazzare cellule danneggiate o distrutte. Questa è la funzione principale delle proteine e, quindi, demolirle per produrre energia da un punto di vista utilitaristico è uno spreco.

Per tutti i processi metabolici sono necessari gli *enzimi*, sostanze chimiche di natura proteica, che influenzano la velocità delle reazioni chimiche: senza di loro i processi metabolici sarebbero lentissimi o non avverrebbero affatto. Tutti gli enzimi sono specifici, agiscono cioè solo per una determinata reazione o per un gruppo di reazioni strettamente affini e pertanto, per un corretto funzionamento dell'organismo, occorrono migliaia di enzimi diversi; alcuni di essi agiscono solo in presenza di sostanze dette *coenzimi* (le vitamine spesso svolgono la funzione di coenzimi).

10.3
Classificazione chimica degli aminoacidi

La catena laterale degli aminoacidi gioca un ruolo importante per la determinazione delle proprietà delle proteine. Esiste una vasta diversità nelle proprietà chimiche delle catene laterali degli amino-acidi, tuttavia essi possono raggrupparsi in 6 classi differenti (Tabella 10.1).

Tabella 10.1 Classificazione degli aminoacidi in base al diverso tipo di catena laterale

Tipo di catena laterale	Amminoacidi
Alifatica	Glicina, alanina, valina, leucina, isoleucina
Contenente idrossile o solfuro	Serina, cisteina, treonina, metionina,
Aromatica	Fenilalanina, tiroxina, triptofano
Basica	Istidina, lisina, arginina
Acido e la sua ammide	Acido aspartico, acido glutammico, asparagina, glutammina,
Ciclica	prolina

La prolina non può essere inserita in una qualsiasi classe perché è ciclica. La prolina condivide la maggior parte delle proprietà con i gruppi alifatici. La rigidità dell'anello gioca un ruolo cruciale nella struttura delle proteine.
Come già detto all'inizio di questo capitolo, gli aminoacidi sono i mattoni di costruzione delle proteine sia animali che vegetali. Circa la metà degli aminoacidi sono essenziali per l'organismo umano (perché non è in grado di fabbricarli da solo). Gli aminoacidi essenziali e spesso scarsi della nostra alimentazione sono: *isoleucina, leucina, lisina, metionina, fenilalanina, treonina, triptofano, valina*.
Di seguito, sono elencate le caratteristiche dei principali aminoacidi (Tabella 10.2).

Tabella 10.2 Elenco degli aminoacidi con a fianco le principali caratteristiche di ciascun aminoacido

NOME	FUNZIONI
Asparagina	Aminoacido non essenziale, presente soprattutto nella carne (la quota assunta con l'alimentazione potrebbe pertanto risultare insufficiente in un'alimentazione strettamente vegetariana). E' coinvolto nel ciclo dell'urea, nella gluconeogenesi e nella sintesi di importanti neurotrasmettitori. Essendo necessaria per il metabolismo dell'alcol, l'asparagina viene impiegata nella preparazione di farmaci.
Acido glutammico	Aminoacido importante per le funzioni nervose e cerebrali in quanto neurotrasmettitore eccitatorio e precursore naturale del GABA. All'interno del sistema nervoso centrale regola la sintesi proteica e per questo motivo viene utilizzato in caso di affaticamento cronico e nel miglioramento delle funzioni cerebrali (apprendimento, memoria, ecc.). Interviene inoltre nella sintesi di acido folico e degli aminoacidi non essenziali.
Acido aspartico	Presente negli alimenti vegetali e in particolare nei semi germogliati, è un aminoacido importante nell'eliminazione dell'ammoniaca, sostanza tossica per l'organismo che può causare disordini cerebrali. Una carenza di acido aspartico si correla a stanchezza e affaticamento cronico.
Alanina	È il più piccolo degli aminoacidi, rappresenta una importante fonte di energia per il muscolo e il sistema nervoso centrale, partecipa alla formazione degli anticorpi e in condizioni di ipoglicemia aiuta il metabolismo degli zuccheri convertendosi in glucosio.
Arginina	Importante aminoacido che, se assunto ad alte dosi, favorisce la secrezione dell'ormone della crescita (GH). Le sue funzioni sono analoghe a quelle di questo importante ormone (favorisce il mantenimento del trofismo muscolare, accelera la guarigione dalle ferite, favorisce l'utilizzo di grassi a scopo energetico, migliora l'attività cerebrale e le difese immunitarie, partecipa alla sintesi del collagene).
Carnitina	Facilita il trasporto degli acidi grassi a media e lunga catena nel mitocondrio dove verranno ossidati per produrre energia. Particolarmente concentrata nel muscolo scheletrico e nel cuore viene sintetizzata a partire da lisina e metionina in presenza di ferro, vitamina C, B1 e B6.
Cisteina e cistina	Questi amminoacidi si convertono a vicenda in caso di necessità. Sono coinvolti nella produzione di collagene e hanno pertanto azione positiva su capelli e cute (supplementi di questi aminoacidi vengono utilizzati per il recupero da ustioni e nel trattamento dell'artrite reumatoide). La cisteina combatte i radicali liberi (precursore del glutatione) e contribuisce a proteggere il corpo dai danni delle radiazioni ionizzanti (utilizzata in associazione ad alcuni trattamenti anti-cancro) e dell'invecchiamento cellulare. La cistina, in presenza di un difetto congenito del rene, porta alla formazione dei calcoli renali.
Citrullina	Esplica le sue funzioni soprattutto nel fegato. Come altri aminoacidi, la citrullina è coinvolta nel ciclo dell'urea, favorisce l'eliminazione di ammoniaca ed è coinvolta nella funzionalità delle difese immunitarie. È infatti il precursore dell'aminoacido arginina.
Fenilalanina	Viene utilizzata dal cervello per produrre alcuni importanti neurotrasmettitori che oltre a migliorare l'umore, alleviare il dolore e migliorare la funzionalità cerebrale riducono la fame e l'appetito favorendo il senso di sazietà.

(→ continua)

(continua)

NOME	FUNZIONI
Glicina e Prolina	Sono due aminoacidi importanti nella sintesi di collagene, insieme alla vitamina C o acido ascorbico. Sono quindi importanti nella rigenerazione cutanea, delle strutture tendinee e cartilaginee.
Glutammina	Ha funzioni simili all'acido glutammico, dal quale viene sintetizzata. È pertanto importante nel regolare le funzioni nervose e cerebrali e nella sintesi di amminoacidi non essenziali.
Isoleucina	Uno dei tre aminoacidi a catena ramificata (gli altri sono leucina e valina), aumenta la resistenza muscolare, rallenta la decomposizione delle proteine strutturali e favorisce il recupero da uno sforzo prolungato. Partecipa alla formazione di emoglobina e alla sintesi dell'ormone della crescita.
Istidina	Aminoacido abbondantemente presente nei globuli bianchi e rossi di cui regola la sintesi. Partecipa alla formazione della guaina mielinica che protegge le cellule nervose e garantisce l'ottimale conduzione dello stimolo nervoso. Precursore dell'istamina, questo importante aminoacido collabora alla funzionalità del sistema immune. Nei bambini è considerato essenziale.
Leucina	Ha funzioni simili all'isoleucina
Lisina	Favorisce la formazione di anticorpi, ormoni ed enzimi ed è necessario allo sviluppo e alla fissazione di calcio nella ossa.
Metionina	Grazie alla presenza di zolfo combatte i radicali liberi. Diminuisce i livelli di colesterolo nel sangue incrementando la sintesi epatica di lecitina. Aiuta nella disintossicazione da metalli pesanti.
Ornitina	Favorisce la sintesi dell'ormone della crescita e interviene nella disintossicazione da ammoniaca. Favorisce la cicatrizzazione delle ferite, migliora le difese immunitarie, l'attività cerebrale.
Prolina	È un aminoacido importante per la rigenerazione dei muscoli e delle strutture tendinee.
Taurina	Contrasta il processo di invecchiamento grazie alla sua azione anti-radicali liberi. E' importante nella funzionalità cardiaca ed è usata nella terapia di aritmie cardiache, epilessia e distrofia muscolare. La taurina è presente in uova, pesci, carne e latte, ma non negli alimenti di origine vegetale. Può essere sintetizzata da cisteina e da metionina in presenza di sufficienti quantità di vitamina B6.
Tirosina	Deriva dalla fenilalanina. È un fondamentale costituente degli ormoni tiroidei. Sopprime l'appetito e sembra avere un effetto benefico sulla riduzione di ansia, depressione, emicranie e nella cura del morbo di Parkinson.
Treonina	Importante per le funzioni digestive, per la salute mentale e per la sintesi di collagene ed elastina.
Triptofano	Aminoacido che funziona da rilassante naturale alleviando l'insonnia, l'ansia e la depressione (è infatti il precursore della melanina). Utilizzato con successo nella cura dell'emicrania, è contenuto soprattutto nel cioccolato e in banane, datteri, latte e derivati e arachidi.
Valina	Importante per le funzioni mentali, il coordinamento muscolare e le funzioni nervose

10.4
Caratteristiche peculiari di alcuni aminoacidi

Oltre alla loro attività intrinseca, gli aminoacidi sono precursori di composti che svolgono importanti funzioni biologiche.

Dal triptofano si ottengono la niacina (vitamina PP), la serotonina (neurotrasmettitore) e la melatonina (regolatore dei ritmi circadiani come il ciclo sonno/veglia).

Dagli aminoacidi solforati si ottiene il glutatione, importante antiossidante utile per combattere i radicali liberi.

Oltre a quelli coinvolti nella sintesi delle proteine, molti altri aminoacidi svolgono funzioni importanti. Tra questi, i più conosciuti in campo sportivo sono la creatina (utile per incrementare capacità e potenza anaerobica alattacida e lattacida) e la carnitina (che facilita il trasporto dei lipidi all'interno del mitocondrio e quindi la loro ossidazione).

La taurina è un aminoacido abbondantemente contenuto nelle fibre muscolari. Sembra avere un'azione simile a quella dell'insulina, cioè migliora il trasporto di glucosio e di alcuni aminoacidi all'interno della cellula. Ha proprietà antiossidanti e anticataboliche, aumenta il volume cellulare e promuove condizioni anaboliche (miglioramento del metabolismo proteico) all'interno delle cellule.

La glutammina è uno degli aminoacidi più importanti del nostro organismo. È un importantissimo nutriente per il cervello e può migliorare le funzioni cerebrali. Ha proprietà anticataboliche e favorisce il recupero. Aumenta il volume cellulare portando con sé acqua e altri nutrienti (aminoacidi) all'interno delle cellule e perciò migliora il metabolismo proteico, creando migliori condizioni per la sintesi di nuovo tessuto muscolare. Un aumento del livello di insulina può agevolare l'assorbimento di questo aminoacido. La glutammina ha anche proprietà stimolanti il rilascio dell'ormone della crescita, va presa in questo caso in abbinamento con altri aminoacidi che hanno le stesse proprietà come arginina, ornitina, glicina, lisina.

L'alanina, durante gli esercizi fisici più intensi, viene utilizzata in modo elevato. Può fornire glucosio e aiutare a stabilizzare la glicemia. Aumenta il volume muscolare con effetti sinergici rispetto alla glutammina.

La glicina aumenta il volume cellulare con effetti anticatabolici e anabolici. Ha anche proprietà stimolanti il rilascio dell'ormone della crescita (GH).

La lisina ha proprietà stimolanti il rilascio dell'ormone della crescita (GH).

L'ornitina è uno degli aminoacidi più attivi nello stimolare il rilascio dell'ormone della crescita. Ha lo stesso impiego dell'arginina, ma sembra avere un'efficacia doppia rafforzando inoltre il sistema immunitario e promuove la funzione e la rigenerazione del fegato, importante nella formazione dell'urea, aumentando l'eliminazione dall'ammoniaca.

L'arginina è l'aminoacido più attivo nello stimolare il rilascio dell'ormone della crescita (viene utilizzato anche come stimolo per la secrezione di GH nei test endocrinologici) (Fig. 10.2). Un elevato livello naturale di ormone della crescita può facilitare la diminuzione del tessuto adiposo e può accelerare la costruzione muscolare. È un aminoacido largamente diffuso in natura, in gran parte contenuto nelle proteine componenti i tessuti animali. Svolge importanti funzioni nel metabolismo cellulare: nei mammiferi interviene nella biosintesi dell'urea (ciclo di Krebs - Henseleit). È immunostimolante, aiuta nella guarigione delle ferite, rilascia il nitrossido (NO), partecipa alla sintesi della creatina, rigenera il tessuto del fegato. Ha azione anabolica (permette all'organismo di utilizzare i principi nutritivi introdotti con gli alimenti per la sintesi di altri materiali complessi come proteine, zuccheri, ecc.). Agisce come veicolo di trasporto immagazzinando ed eliminando l'azoto e ha un ruolo di primaria importanza nei problemi post-traumatici, cambiamenti di peso, nel bilancio azotato e nella guarigione dei tessuti, aumenta il collagene, la principale proteina fibrosa di supporto che si trova nelle ossa, nelle cartilagini e in altri tessuti connettivi, stimola il sistema immunitario, combatte la fatica fisica e mentale, aumenta la spermatogenesi. Viene usata nel trattamento dei disordini epatici, si trasforma in L-ornitina e urea, favorisce l'eliminazione dell'ammoniaca, che ha un'azione negativa per le cellule viventi.

Altri aminoacidi che agirebbero in sinergia sono: ornitina, citrullina e acido aspartico.

Di ben altro interesse è la capacità dell'arginina di "ripulire" l'organismo dall'ammoniaca (per questa funzione entra in diversi farmaci) e soprattutto la capacità di stimolare la produzione di linfociti T e delle cellule natural killer. In effetti, bastano pochi giorni di assunzione di una dose di arginina non minimale e il numero dei linfociti aumenta sensibilmente.

La carnosina è un buon tampone dell'acido lattico e ha attività antiossidante. Effettivamente riduce il bruciore muscolare conseguente a un intenso allenamento, migliorando le prestazioni atletiche.

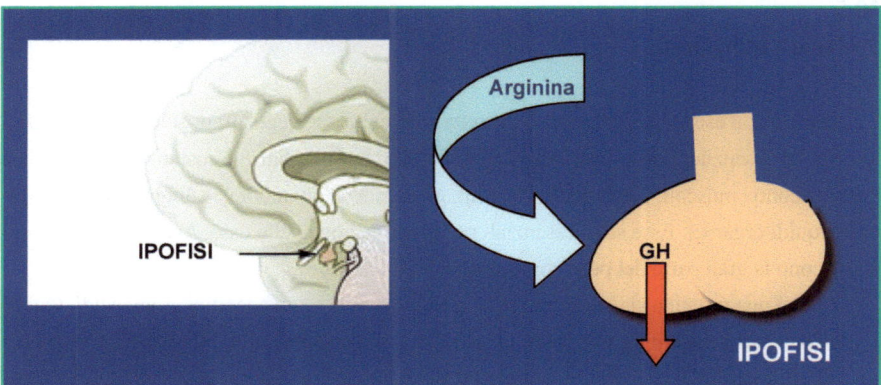

Fig. 10.2 Localizzazione anatomica dell'ipofisi a sinistra e a destra ingrandimento stilizzato dell'ipofisi dove si vede l'effetto stimolatorio dell'arginina sulla secrezione di GH

La tirosina ha un effetto stimolante. Inoltre può aumentare il livello di produzione di dopamina e norepinefrina, due neurotrasmettitori coinvolti nel controllo del moto, del comportamento aggressivo, di quello sessuale e del controllo dell'appetito. La tirosina è anche alla base della sintesi degli ormoni tiroidei.

La fenilalanina ha funzioni simili alla tiroxina. Può aumentare la produzione di dopamina, norepinefrina e colecistochinina, riducendo il senso di appetito. Anche questo aminoacido può essere un interessante componente per le formule di definizione. La fenilalanina e la tirosina aumentano i livelli di dopamina e norepinefrina, due neurotrasmettitori che diminuiscono il senso di fame. La fenilalanina aumenta i livelli di colecistochinina, che dà senso di sazietà. Inoltre aumentano la concentrazione mentale e la resistenza. Le vitamine B5 e B6 supportano il metabolismo di questo aminoacido.

La metionina è un aminoacido solforato essenziale. Partecipa alla formazione di carnitina, trimetilglicina, colina, creatina, adrenalina, ergosterolo e acidi nucleici.

La carnitina favorisce l'utilizzo dei depositi di grasso come fonte energetica. Inoltre migliora la resistenza negli sport di lunga durata.

L'acetil L-Carnitina è una forma di carnitina più attiva. Ha proprietà anticataboliche e anaboliche.

La N-Acetil Cisteina ha proprietà antiossidanti e anticataboliche.

La trimetilglicina (TMG) o betaina, il DNA del nucleo cellulare, perde gruppi metilici come risultato del normale invecchiamento cellulare. Ciascuna molecola di betaina dona tre gruppi metilici al DNA e questo aiuta il processo di ri-metilazione e quindi aiuta a ringiovanire le cellule. La betaina riduce i livelli di omocisteina nel sangue, una molecola che può causare arteriosclerosi, trombosi e altri danni all'organismo.

10.5
Proteine e aminoacidi

Le proteine non esisterebbero senza la corretta combinazione degli aminoacidi. Le stesse proteine sono essenziali per le funzioni vitali del corpo. Sono, infatti, le sostanze proteiche che costituiscono i muscoli, i legamenti, i tendini, gli organi, le ghiandole, le unghie, i capelli e alcuni liquidi organici. Esse sono essenziali per la formazione delle ossa. Acqua e proteine costituiscono la gran parte del peso corporeo.

Perché una proteina sia completa deve contenere tutti i suoi specifici aminoacidi. Questi ultimi si possono legare tra loro quasi all'infinito, fino a creare più di 50 mila diverse proteine e 20 mila enzimi. Ogni specifica proteina è composta da una serie di determinati aminoacidi, ognuno con un suo compito specifico, e non sono intercambiabili.

Gli aminoacidi contengono almeno il 16% di azoto e questa condizione li differenzia dai carboidrati e dai grassi.

Il sistema nervoso centrale non può funzionare senza gli aminoacidi che agiscono da neurotrasmettitori o da precursori dei neurotrasmettitori. Se gli aminoacidi non sono tutti presenti, la trasmissione dei messaggi risulterà alterata.

Il fegato produce all'incirca l'80% degli aminoacidi necessari, il rimanente 20% deve essere ricavato da fonti esterne.

Questi aminoacidi, combinandosi, formano le proteine e intervengono nei più importanti processi biologici, come la sintesi dei neurotrasmettitori, stimolano il sistema immunitario nonché la funzione catalitica in diverse reazioni enzimatiche (grazie agli enzimi e ai coenzimi, già citati in precedenza).

Qualsiasi funzione del nostro corpo si realizza solo in presenza di energia chimica prodotta dal metabolismo. Dall'ambiente esterno, attraverso aria, acqua e cibo, ricaviamo le nostre materie prime per poter vivere. Dal cibo ricaviamo: i carboidrati (polisaccaridi), i grassi (lipidi), le proteine, che restituiamo sotto forma di "scarto" all'ambiente sotto forma di ammoniaca, acqua, anidride carbonica. Le proteine essenziali si trovano in alimenti come, uovo intero, albume d'uovo, pesci, carne, ma anche nella soia, nei legumi (fagioli, lenticchie, piselli, ceci), in alcuni cerali (avena, riso, frumento), nella pasta, nel pane integrale e nella frutta secca (in particolare nelle mandorle e nelle nocciole).

Gli aminoacidi essenziali si trovano, in ordine decrescente, essenzialmente nel lievito, nella soia, nel germe di frumento, nel fagiolo secco, nella fava secca, nei ceci, nelle lenticchie, nella carne di manzo, nel pesce. L'accostamento di paste integrali o cereali e legumi che forniscono valori nutritivi completi può essere particolarmente indicato (soprattutto in soggetti vegetariani).

La carenza di proteine può indurre abbassamento delle difese immunitarie, dimagrimento, diminuzione della massa muscolare, astenia, senso di debolezza, perdita della memoria, difficoltà di concentrazione, perdita della libido. Una dieta sbilanciata può indurre a un eccessivo consumo di zuccheri che, a sua volta, può comportare turbe metaboliche, nervose e carenze vitaminiche.

Il consumo di troppe proteine animali, invece (come avviene, per esempio, nei paesi occidentali), attraverso carni, uova, pollame, latte e suoi derivati, provoca un aumento della produzione di scorie tossiche, stitichezza, possibili alterazioni del sistema nervoso e ghiandolare, affaticamento degli organi emuntori come fegato e reni, e richiede un maggior fabbisogno di vitamina B6 e potassio, con stress, nervosismo, predisposizione allo sviluppo di malattie epatiche e renali, artrite, uricemia, gotta, diverticolite, varici, flebite, malattie cardiovascolari, cancro del colon, cancro del seno e dell'utero.

Un consumo non eccessivo di proteine salvaguarda il nucleo della cellula del DNA dai processi di invecchiamento. Sarebbe meglio quindi consumare proteine vegetali contenute nei cereali e nei legumi, in quanto determinano una minore incidenza di patologie gravi quali il cancro e contengono steroli che bloccano l'assorbimento del colesterolo nell'intestino. Consumare più cereali e più legumi può avere quindi un effetto positivo sulla salute.

È bene assumere giornalmente legumi ed evitare l'eccesso di proteine animali.

Le aree di assorbimento degli alimenti si trovano nell'intestino tenue:
- glucosio: ultima parte del duodeno;
- proteine: prima parte del digiuno, ultima parte del duodeno;
- aminoacidi: 10% nello stomaco, ultima parte del digiuno, prima parte dell'ileo, 28% nel colon;
- grassi: ultima parte del duodeno, prima parte del digiuno;
- ferro: nel duodeno;
- calcio: nel duodeno;
- saccarosio: nel digiuno inferiore, ileo;
- lattosio: digiuno, primo tratto dell'ileo;
- maltosio: digiuno, primo tratto dell'ileo;
- vitamina D: digiuno, primo tratto dell'ileo;
- vitamina B12: ileo.

L'assorbimento degli aminoacidi si realizza per l'11% a livello gastrico, per il 60% a livello duodenale, per il 28% a livello del colon. Tale assorbimento è rapido nel duodeno e nel digiuno (tratto dell'intestino tenue) e avviene lentamente nell'ileo.

Tutte le proteine che ingeriamo vengono assorbite sotto forma di aminoacidi.

Se ci sono patologie di tipo metabolico dovute a malnutrizione e a regimi sbilanciati dal punto aminoacidico, occorre somministrare preparati che contengano un ampio spettro di aminoacidi.

Nelle patologie gastro-intestinali, dove l'assorbimento è alterato o dove la mucosa ha subito un danno, si avranno diminuiti assorbimenti degli aminoacidi.

10.6
Sintesi proteica

Prima che la sintesi di una particolare proteina possa iniziare, la molecola corrispondente di mRNA deve essere prodotta dalla trascrizione. L'mRNA eucariota è sintetizzato dall'RNA polimerasi II. Questo enzima richiede una serie di ulteriori proteine, chiamate fattori generali di trascrizione, per iniziare la trascrizione su uno stampo purificato di DNA e altre proteine ancora per iniziare la trascrizione sul suo stampo di cromatina nella cellula. Durante la fase di allungamento della trascrizione, subisce diverse modifiche. La traduzione della sequenza nucleotidica di una molecola di mRNA in proteina avviene nel citoplasma in un grosso complesso ribonucleoproteico chiamato ribosoma. Gli aminoacidi usati per la sintesi proteica sono prima attaccati a una famiglia di molecole di RNA transfert, ciascuno dei quali riconosce, per interazioni di accoppiamento complementare delle basi, serie particolari di tre nucleotidi nell'mRNA (codoni). La sequenza dei nucleotidi dell'mRNA viene quindi letta da un'estremità all'altra in serie di tre, secondo il codice genetico (Fig. 10.3).

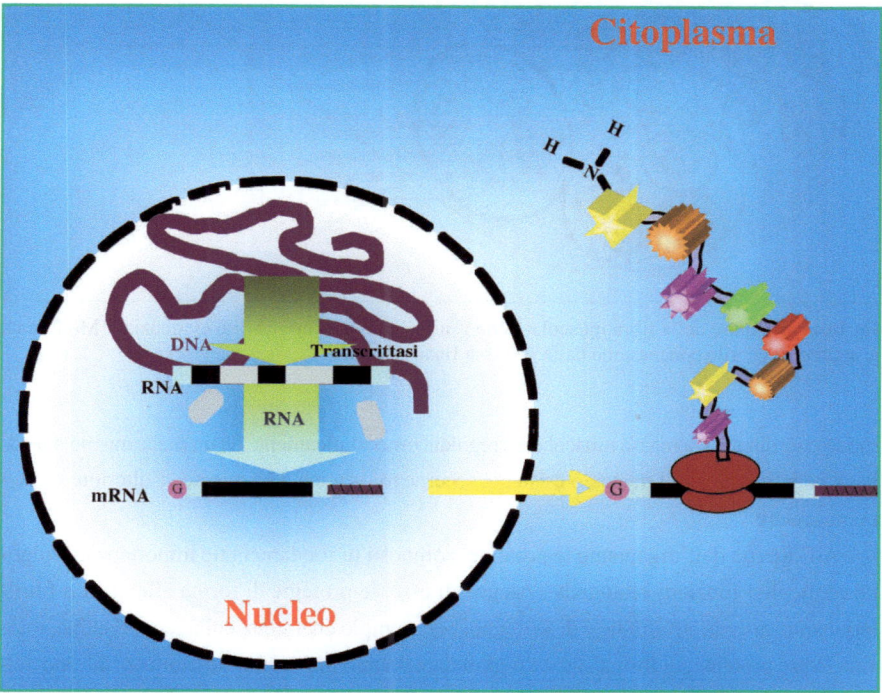

Fig. 10.3 Sintesi proteica in una cellula eucariota. Nella sintesi proteica si parte dall'informazione contenuta nel DNA (a livello del nucleo) per arrivare alla sintesi proteica a livello ribosomiale, dopo il passaggio dell'RNA messaggero dal nucleo al citoplasma. Per gentile concessione della Prof.ssa Ileana Terruzzi

10.7
Cellula muscolare e possibile utilizzo degli aminoacidi nello sport

Le fibre muscolari scheletriche sono responsabili di tutti i movimenti volontari.

Ciascuna fibra muscolare scheletrica è un sincizio funzionale e si sviluppa per fusione di molti mioblasti (Fig. 10.4). La fusione segue generalmente l'inizio del differenziamento dei mioblasti, in cui molti geni che codificano proteine specifiche del muscolo sono attivati in

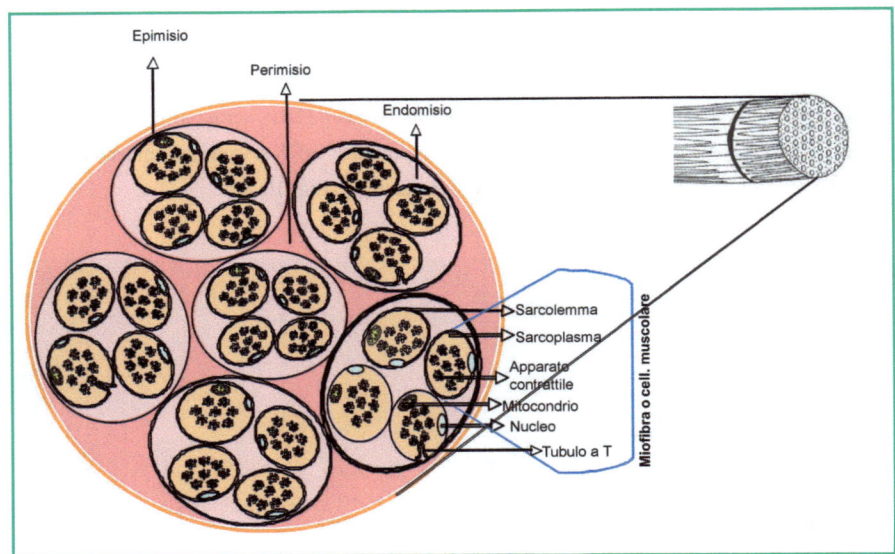

Fig. 10.4 Particolare della fibra muscolare con i mitocondri e le miofibrille evidenziati. Modificata a seguito di gentile concessione dalla Prof.ssa Ileana Terruzzi

modo coordinato. La massa muscolare è regolata omeostaticamente da un meccanismo a feedback negativo, in cui il muscolo esistente secerne miostatina, che inibisce l'ulteriore crescita muscolare.

All'interno dell'organismo le proteine, composti di fondamentale importanza, svolgono molteplici funzioni biologiche. Alcune di esse, le proteine di forma allungata o fibrillari, hanno attività strutturale e di sostegno, per esempio cheratina, collagene, elastina, miosina. Altre proteine, di forma sferica o globulare, hanno importanti funzioni all'interno delle membrane cellulari, del citoplasma e dei liquidi organici. Appartengono a questo gruppo le proteine plasmatiche, le immunoglobuline, gli ormoni peptidici, gli enzimi e le proteine con funzione vettrice come, per esempio, l'emoglobina o la mioglobina che effettuano il trasporto dell'ossigeno.

In particolare, la fibra muscolare è ricca di due proteine particolari: l'actina e la miosina, che sono in grado di interagire fra loro provocando la contrazione della fibra.

Alcuni aminoacidi hanno catena ramificata. Una supplementazione di aminoacidi viene associata spesso all'assunzione di steroidi anabolizzanti (doping) per favorire la sintesi di massa muscolare. D'altra parte, esiste anche l'ipotesi che una maggior assunzione di aminoacidi stimoli una maggior produzione di testosterone e GH. In realtà, in seguito a supplementazione di aminoacidi (nel soggetto sano), non si è osservato alcun aumento di GH, né di potenza aerobica, né di performance in test di corsa. Analogamente, nessun miglioramento è stato riscontrato nei pesisti (con un'integrazione di 20 aminoacidi).

Un certo interesse è suscitato dall'alanina. Questo aminoacido è importante perché entra nel ciclo alanina-glucosio. Quando manca glucosio nel corso del lavoro muscolare, il muscolo produce alanina e la immette in circolo; questa raggiunge il fegato che, a partire da alanina, produce glucosio che, immesso in circolo, si rende disponibile per i muscoli. Pertanto si ha distruzione proteica nell'esercizio di resistenza prolungato. Tuttavia il fabbisogno giornaliero di proteine è di 0.8-1g per kg di massa corporea e diventa di 1.2-1.5 g/kg nei soggetti dediti a sport di resistenza. Anche in atleti dediti a discipline di forza e potenza (es. sollevamento pesi) il fabbisogno è lo stesso.

Aminoacidi a catena ramificata (L-Leucina, L-Isoleucina, L-alanina) sono fra i nutrienti più efficaci. Essi hanno un notevole potere anabolico-anticatabolico ed energetico. Sono indispensabili per la costruzione delle proteine.

La creatina monoidrato ha sia una funzione energetica sia di volumizzazione cellulare e anticatabolica. La creatina è indispensabile per il ciclo ATP-ADP: viene convertita nell'organismo in creatina fosfato. La creatina fosfato "carica" l'ADP (adenosin difosfato) cedendogli il gruppo fosfato e trasformandola in ATP (adenosin trifosfato), una molecola con elevatissimo contenuto energetico. L'ATP fornisce energia con la contrazione muscolare perdendo un gruppo fosfato e ritrasformandosi in ADP, che verrà di nuovo "ricaricato" della creatina fosfato. La creatina fosfato non è assimilabile per via orale, mentre la creatina monoidrato è perfettamente assimilabile. Inoltre, la creatina è coinvolta in un meccanismo chiamato "navetta d'energia", nel quale essa trasporta l'energia dai mitocondri alle altre parti delle cellule muscolari. I mitocondri sono strutture stipate all'interno delle fibre muscolari nelle quali i carboidrati e i grassi vengono scissi per fornire energia. La creatina sembrerebbe aumentare anche il diametro delle fibre muscolari veloci perché, mentre è immagazzinata all'interno delle cellule muscolari, attrae acqua incrementando così il volume della cellula muscolare. La cellula espansa crea a sua volta un segnale anabolico-proteolitico (che inibisce il catabolismo muscolare).

La fibra muscolare è obbligata a rispondere agli impulsi nervosi volontari secondo un modello di risposta definito del "tutto-o-nulla", perché non possiede capacità intrinseca di modulare il proprio comportamento nella forma o nell'intensità e pertanto si contrae e si rilascia in diretta funzione della volontà.

Questa dipendenza, senza alcun fattore di modulazione che possa ammortizzare le stimolazioni, favorisce l'insorgenza di conseguenze negative e patogene per il muscolo quali: 1) l'esaurimento delle sue riserve, 2) l'indebolimento della sua struttura e 3) la sua distruzione più o meno rapida.

Il muscolo scheletrico possiede un potenziale energetico, una "riserva" che viene utilizzata al momento opportuno per alimentare la contrazione e per produrre calore.

Questo potenziale energetico è costituito da energia chimica che lo stesso muscolo sintetizza a partire dai nutrienti che a esso arrivano con il sangue. Tali scorte energetiche sono rappresentate da adenosintrifosfato (ATP), fosfocreatina (CP), glicogeno e acidi grassi.

La fatica muscolare che si manifesta negli sportivi con dolori, crampi, liberazione delle proteine citoplasmatiche in circolo, aumento della lattacidemia e dell'ammoniemia e altro, costituisce un segnale dell'avvenuto danno alla fibra muscolare e il preludio della sua distruzione, ma in alcuni casi essa può essere interpretata come un sistema regolatore suscettibile di affermare la propria autonomia.

Il segnale della fatica, infatti, si sviluppa a livello del Sistema Nervoso Centrale, assumendo due forme biochimicamente antagoniste: 1) la liberazione di endorfine e cortisolo, da una parte e 2) l'aumento della ammoniemia e della glutamina, dall'altra. Dall'integrazione di questi effetti attivatori e inibitori dipende lo sviluppo della sensazione di fatica e, di conseguenza, l'arresto o la prosecuzione dell'esercizio fisico.

Nei soggetti allenati, l'organismo sviluppa dei meccanismi di protezione capaci, durante la ripetizione seppur prolungata dell'esercizio, di limitare i fattori di rischio di danno corporeo secondari allo stress. Ad esempio, il "metabolismo fosfocalcico" (vitamina D, calcitonina, paratormone) viene attivato aumentando la densità dell'osso e rafforzandone la resistenza; il processo della coagulazione del sangue accelera la velocità di degradazione della fibrina per limitare il rischio tromboembolico; il sistema immunitario reagisce nel suo insieme per preservare l'organismo e distruggere le cellule muscolari morte; infine, la totalità degli "ormoni anabolici", gonadici e non, risulta impegnata nel promuovere la muscolatura dello sportivo. L'accelerazione del metabolismo, tuttavia, se sostenuta, conduce rapidamente a un aumento della produzione di scorie e a una perdita supplementare di sostanze indispensabili al buon funzionamento enzimatico. Nel primo caso, il rene deve adattare la sua funzione emuntoria alle esigenze secondarie allo sforzo, nel secondo caso, invece, è l'apporto alimentare programmato dallo sportivo che deve tener conto delle perdite eccessive di oligoelementi, di vitamine, di proteine e di altri componenti indispensabili al metabolismo nel suo complesso.

10.8
Metabolismo delle proteine

Per poter essere utilizzate dall'organismo, le proteine degli alimenti devono essere "denaturate", cioè rese strutturalmente più semplici, grazie all'azione del calore (cottura), dell'acido cloridrico prodotto dallo stomaco, o tramite mezzi fisici (come la battitura delle carni). La denaturazione consente agli enzimi digestivi di scindere più rapidamente i legami che tengono gli aminoacidi uniti tra loro; questa scissione è indispensabile per il loro assorbimento. Le proteine assunte con la dieta vengono in parte demolite a livello dello stomaco a opera dell'acido cloridrico e dell'enzima pepsina, in parte nell'intestino tenue grazie a enzimi secreti nel succo pancreatico e a enzimi prodotti direttamente dalle cellule intestinali. Gli aminoacidi derivanti dalla digestione delle proteine sono così assorbiti dall'intestino, trasportati attraverso la vena porta al fegato, da qui a tessuti e organi, dove vengono nuovamente "montati" a formare le proteine strutturali delle cellule, oppure enzimi e ormoni. Una quota di aminoacidi circolanti nel sangue può essere utilizzata a scopi energetici, quando le richieste di energia non vengono completamente soddisfatte dalla demolizione dei carboidrati e dei lipidi. In condizioni di intensa ipoglicemia, il fegato può utilizzare un'ulteriore quota di aminoacidi per fabbricare glucosio attraverso il processo della gluconeogenesi. Per queste ragioni, una dieta equilibrata nel suo contenuto di carboidrati ha l'effetto di risparmiare (non utilizzandole per scopo energetico) le proteine corporee. Quindi, se con la dieta vengono introdotte troppe proteine, l'organismo utilizza tutti gli aminoacidi necessari per rinnovare le cellule: per quelli in eccesso si instaurano meccanismi di deaminazione (cioè essi vengono privati dell'azoto da essi contenuto) e l'azoto viene trasformato dal fegato in sostanze azotate di rifiuto, quali urea, acido urico, ecc. La parte degli aminoacidi rimasta dopo la deaminazione viene trasformata in glucosio o acidi grassi.

10.9
Proteine e dieta

Non esiste un fabbisogno alimentare delle proteine in sé: il fabbisogno riguarda il materiale di fabbricazione delle proteine, cioè gli aminoacidi. La dieta migliore, per quanto riguarda il contenuto di aminoacidi, è quella che comprende una giusta proporzione di tutti gli aminoacidi, sia essenziali sia non essenziali. Il valore nutritivo di una proteina è dunque determinato dalla presenza e dalla percentuale degli aminoacidi contenuti: sono dette proteine ad alto valore biologico quelle particolarmente ricche di aminoacidi essenziali; mentre sono dette a basso valore biologico le proteine che ne sono più povere. Sono proteine ad alto valore biologico quelle contenute in alimenti di origine animale, come uova, latte e suoi derivati, carne, pesce. Sono proteine a basso valore biologico quelle contenute in alimenti di origine vegetale, come cereali, riso, legumi, verdura, frutta. Il fabbisogno proteico è più elevato in età infantile e nell'adolescenza, in rapporto alle necessità della crescita, e così pure in gravidanza e nel corso dell'allattamento, mentre nell'anziano il fabbisogno non si discosta molto da quello dell'adulto. Alcuni stati patologici (la febbre, le ustioni estese, gli interventi chirurgici, ecc.) comportano un maggior consumo di proteine corporee, che devono essere reintegrate con la dieta.

Letture consigliate

Alberts B, Johnson A, Lewis J et al (2004) Biologia molecolare della cellula. Bologna, Zanichelli
Buyse J, Janssens GP, Decuypere (2001) The effects of dietary L-carnitine supplementation on the performance, organ weights and circulating hormone and metabolite concentrations of broiler chickens reared under a normal or low temperature schedule. Br Poult Sci 42(2):230-241
Cappelli P, Vannucchi V (1998) Chimica degli alimenti, conservazione e trasformazione. Bologna, Zanichelli, Ia edizione
Montgomery R, Dryer RL, Conway TW, Spector AA (1981) Biochimica, aspetti medico biologici. Edi. Ermes
Purves WK, Sadava D, Orians GH, Heller HC (2001) Biologia. Bologna, Zanichelli, I edizione

Introduzione allo studio del metabolismo in vivo con l'uso di traccianti

11

A. Caumo, L. Luzi

11.1
Introduzione

Il termine omeostasi - coniato intorno al 1930 dal fisiologo americano Walter Bradford Cannon e divulgato nel suo libro *The Wisdom of the Body* - designa l'attitudine degli esseri viventi a mantenere entro ristretti margini di variazione i valori di grandezze fisiologiche (ad esempio, la temperatura, l'equilibrio acido-base, la glicemia). Cannon sviluppò il concetto di omeostasi partendo dall'idea di Claude Bernard del *milieu interieur,* ossia di un ambiente interno all'organismo la cui costanza è essenziale per il mantenimento della vita. Attorno al 1935, Rudolph Schoenheimer affinò questa intuizione dal punto di vista teorico formulando il concetto di *stato dinamico dei costituenti corporei*. L'idea portante è che la concentrazione di una sostanza nell'organismo è funzione di tre processi che avvengono in esso simultaneamente: produzione, distribuzione, utilizzazione. Il continuo rinnovamento dei livelli circolanti della sostanza nell'organismo è chiamato turnover. Schoenheimer fu un pioniere nell'uso di isotopi radioattivi e stabili per studiare il turnover di proteine e lipidi nell'animale ed esercitò una straordinaria influenza sulle successive generazioni di biochimici.

Lo stato dinamico dei costituenti corporei è ormai un paradigma della ricerca biomedica e lo scopo di questo contributo è quello di illustrare i fondamenti delle metodiche che impiegano esperimenti con tracciante per misurare il turnover di una sostanza.

11.2
Un modello del sistema metabolico

I concetti fondamentali che stanno alla base dell'uso dei traccianti per la misura del turnover di una sostanza possono venire più facilmente compresi descrivendo il sistema metabolico che si intende studiare attraverso un modello compartimentale. L'unità funzionale di un modello compartimentale è il compartimento, inteso come uno spazio dell'organismo in cui la sostanza si distribuisce in modo omogeneo. Un compartimento può rappresentare un singolo organo o tessuto, come pure l'aggregazione di organi e tessuti che condividano lo stesso comportamento nei confronti della sostanza studiata. Un modello compartimentale è un insieme di compartimenti tra loro connessi in modo da rappresentare i processi di produzione, distribuzione e utilizzazione della sostanza studiata. Esso possiede un compartimento accessibile dove è possibile misurare la concentrazione della sostanza (il sangue, di solito) e altri compartimenti (non accessibili alla misura) che rappresentano organi e tessuti in cui la sostanza si distribuisce. Nell'esempio riportato in Figura 11.1, il compartimento accessibile è indicato dalla presenza di una linea tratteggiata con un pallino (ciò denota la possibilità di misurare la concentrazione della sostanza nel compartimento). La parte non accessibile del sistema è racchiusa da

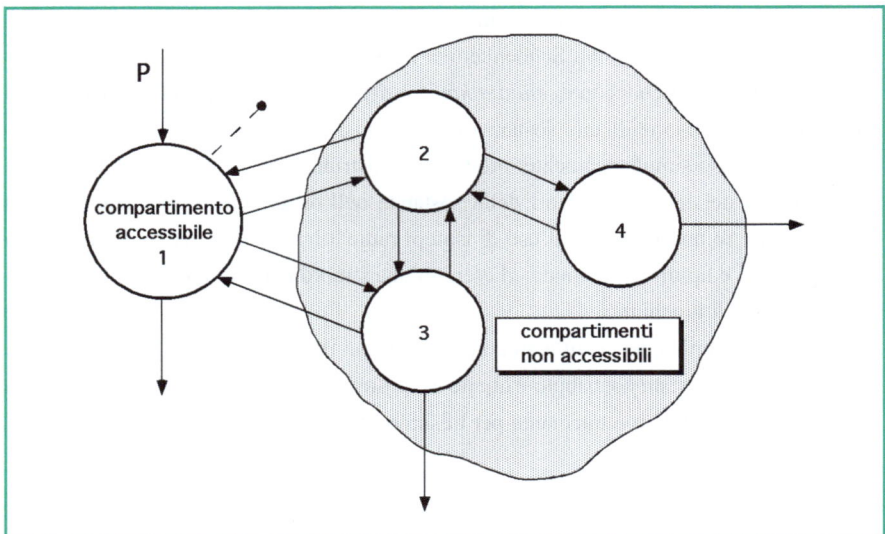

Fig. 11.1 Modello compartimentale di un ipotetico sistema metabolico. Il compartimento accessibile alla misura scambia con la porzione non accessibile del sistema. Le linee continue rappresentano i flussi del metabolita da un compartimento all'altro

un'area grigia ed è costituita da tre compartimenti interconnessi, due dei quali scambiano con il compartimento accessibile. Le frecce che connettono i compartimenti rappresentano i flussi di sostanza che vanno da un compartimento all'altro; le frecce che vanno da un compartimento verso l'esterno del sistema rappresentano i flussi di utilizzazione della sostanza. Possiamo osservare che la produzione della sostanza, indicata con P nella figura, è un flusso che entra direttamente nel compartimento accessibile. Questo corrisponde alla situazione, piuttosto comune, in cui la sostanza – una volta prodotta o secreta – si riversa direttamente nel circolo sanguigno. Notiamo inoltre che l'utilizzazione della sostanza può avvenire non solo nel compartimento accessibile, ma anche in compartimenti non accessibili alla misura (compartimenti 3 e 4, nel nostro esempio).

11.3
Legge di bilancio di massa

I flussi di sostanza tra i compartimenti e le masse della sostanza nei compartimenti sono regolati dalla legge di bilancio di massa. La legge di bilancio di massa rende conto del fatto che la massa della sostanza si conserva passando da una parte all'altra del sistema. Per chiarire come la legge di bilancio di massa governi l'andamento temporale di flussi e masse, consideriamo la Figura 11.2. In essa è rappresentato un generico sistema in cui la sostanza può entrare, da cui la sostanza può uscire, e al cui interno la sostanza non viene

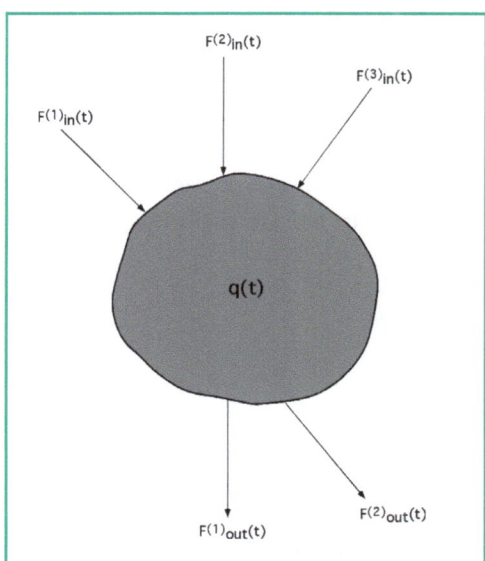

Fig. 11.2 La legge di bilancio di massa mette in relazione tra loro tre grandezze: i flussi di materia che entrano in un sistema metabolico, i flussi che escono dal sistema, la massa della sostanza all'interno del sistema. Il bilancio di massa esprime matematicamente la nozione che la massa del metabolita non viene né creata, né distrutta. Perciò la massa che entra nel sistema può soltanto uscirne oppure contribuire ad aumentare la massa all'interno del sistema stesso

generata *de novo*. È evidente che la sostanza che entra nel sistema attraverso il generico flusso d'ingresso $F^{(i)}_{in}$ ha due possibilità: o esce attraverso uno dei flussi di uscita $F^{(j)}_{out}$, oppure aumenta la massa della sostanza, q(t), all'interno del sistema. Questo concetto viene formalizzato dalla legge di bilancio di massa:

$$\frac{dq(t)}{dt} = F_{in}(t) - F_{out}(t) \qquad (1)$$

dove dq(t)/dt è la derivata della massa della sostanza all'interno del sistema (ossia la variazione della massa nell'unità di tempo), F_{in} è la somma dei flussi entranti nel sistema, e F_{out} è la somma dei flussi uscenti dal sistema. Quando $F_{in} > F_{out}$ la massa nel sistema cresce, quando $F_{in} < F_{out}$ la massa nel sistema cala, quando $F_{in} = F_{out}$ la massa nel sistema rimane costante. Possiamo applicare la legge di bilancio di massa all'intero modello, o a uno qualsiasi dei compartimenti che lo compongono. Incominciamo col prendere in considerazione il compartimento accessibile. I flussi di ingresso e uscita relativi al compartimento accessibile prendono il nome di $R_a(t)$ e $R_d(t)$, rispettivamente. $R_a(t)$ (abbreviazione dell'inglese *Rate of appearance,* ossia velocità di comparsa) denota il flusso d'ingresso della sostanza nel compartimento accessibile. Esso includerà sia il flusso proveniente dall'organo o tessuto che sintetizza *de novo* la sostanza, sia l'eventuale flusso esogeno. Ad esempio, nel caso del metabolismo del glucosio, $R_a(t)$ comprenderà sia la produzione endogena di glucosio, sia il flusso di glucosio che viene assorbito con l'alimentazione. $R_d(t)$ (abbreviazione dell'inglese *Rate of disappearance,* ossia velocità di scomparsa) denota il flusso netto della sostanza in uscita dal compartimento accessibile. Poiché il compartimento accessibile può avere un'uscita irreversibile e scambiare sostanza con altri compartimenti non accessibili, $R_d(t)$ è il bilancio netto (cioè la differenza) tra ciò che esce dal compartimento accessibile e ciò che vi entra provenendo dagli altri compartimenti non accessibili. $R_a(t)$ e $R_d(t)$ sono in relazione tra loro grazie alla legge di bilancio di massa applicata al compartimento accessibile:

$$\frac{dq_1(t)}{dt} = R_a(t) - R_d(t) \qquad (2)$$

dove $q_1(t)$ è la massa della sostanza nel compartimento accessibile e il rapporto dq_1/dt indica la derivata della massa rispetto al tempo. Da notare che la concentrazione della sostanza nel compartimento accessibile è proprio ciò che lo sperimentatore può misurare eseguendo un prelievo di sangue. Tale concentrazione, c(t), è il rapporto tra la massa $q_1(t)$ e il volume di distribuzione della sostanza nel compartimento accessibile, V_1:

$$c(t) = \frac{q_1(t)}{V_1} \qquad (3)$$

Spostiamo ora la nostra attenzione sul sistema metabolico nella sua interezza, considerando sia il compartimento accessibile, sia quelli non accessibili. I flussi di ingresso e uscita relativi al sistema *in toto* prendono il nome di P(t) e U(t), rispettivamente. P(t) è il flusso di produzione *de novo* della sostanza, mentre U(t) è il flusso di utilizzazione della sostanza. P(t) e U(t) sono in relazione tra loro grazie alla legge di bilancio di massa applicata all'intero sistema metabolico:

$$\frac{dq_T(t)}{dt} = P(t) - U(t) \qquad (4)$$

dove $q_T(t)$ è la massa totale di sostanza all'interno del sistema.

Qual è la relazione tra i flussi relativi all'intero sistema e quelli relativi al compartimento accessibile? Quando il compartimento accessibile è l'unico compartimento in cui si immette la produzione endogena, allora P(t) coincide con $R_a(t)$ (meno l'eventuale flusso di sostanza di provenienza esogena). Invece, in generale, U(t) differisce da $R_d(t)$.

11.4
Un'analogia idraulica

Un'analogia idraulica ci aiuterà ad afferrare intuitivamente in che modo la legge di bilancio di massa governa l'andamento temporale della concentrazione della sostanza. Immaginiamo che il sistema metabolico possa essere assimilato a una vasca d'acqua dotata di uno scarico e di un rubinetto (Fig. 11.3). In questa analogia, la vasca rappresenta lo spazio di distribuzione della sostanza nell'organismo, l'acqua proveniente dal rubinetto e uscente attraverso lo scarico rappresentano rispettivamente i flussi di produzione e utilizzazione, mentre il livello raggiunto dall'acqua nella vasca si riferisce alla concentrazione plasmatica della sostanza. Supponiamo che la vasca sia inizialmente vuota e immaginiamo di aprire il rubinetto. L'acqua nella vasca aumenterà fino a raggiungere un livello massimo che si manterrà costante nel tempo. Questo livello corrisponde a uno stato di equi-

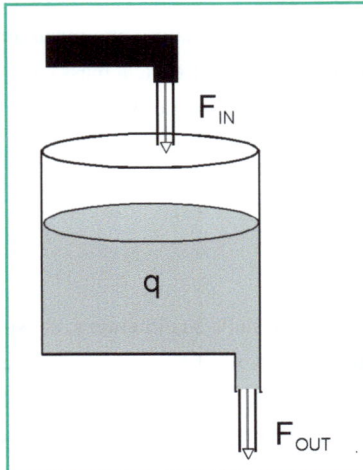

Fig. 11.3 Analogia idraulica che illustra come la legge di bilancio di massa regoli la concentrazione di una sostanza in funzione dei flussi di produzione e utilizzazione. L'andamento temporale del livello dell'acqua nella vasca riflette il bilancio dinamico tra il flusso d'ingresso e quello di uscita

librio in cui i flussi di ingresso e di uscita si compensano esattamente. Immaginiamo ora di chiudere il rubinetto. Il livello dell'acqua scenderà gradualmente finché la vasca non si sarà completamente svuotata. In ogni istante di questo esperimento virtuale, il livello dell'acqua nella vasca è il risultato del bilancio dinamico tra quanta acqua sta entrando nella vasca e quanta acqua ne sta uscendo.

11.5
Stato stazionario e turnover

L'analogia idraulica ci permette di accostarci in modo del tutto naturale al concetto di stato stazionario di un sistema metabolico. Ci troviamo in stato stazionario quando il livello dell'acqua nella vasca rimane costante nel tempo e i flussi di uscita e d'ingresso sono uguali e costanti nel tempo. Analogamente, un sistema metabolico si trova in stato stazionario quando la concentrazione della sostanza rimane costante nel tempo e i flussi di produzione e utilizzazione sono uguali e costanti nel tempo. In stato stazionario, la legge di bilancio di massa applicata all'intero sistema metabolico ci fornisce il risultato seguente:

$$\frac{dq_T(t)}{dt} = 0; \quad P = U \qquad (5)$$

Perciò, in stato stazionario, la massa totale nel sistema non varia nel tempo (la derivata uguale a 0 indica assenza di variazione) e P è uguale a U. Analogamente, la legge di bilancio di massa applicata al solo compartimento accessibile ci fornisce il risultato seguente:

$$\frac{dq_1(t)}{dt} = 0; \quad R_a = R_d \qquad (6)$$

Perciò, in stato stazionario, la massa nel compartimento accessibile non varia nel tempo (la derivata è uguale a 0) e R_a è uguale a R_d. Da notare che, se ci troviamo in un sistema in cui la sostanza prodotta si immette direttamente nel circolo sanguigno (e quindi nel compartimento accessibile), il fatto che R_a coincida con P ha come conseguenza che R_d coincide con U (lo si deriva dalle equazioni 5 e 6). In questo caso, i flussi di ingresso e di uscita relativamente all'intero sistema e al compartimento accessibile sono tra loro tutti uguali e costanti nel tempo (P=R_a=R_d=U). Questi flussi prendono collettivamente il nome di turnover della sostanza. Il turnover è quindi il flusso (di ingresso o di uscita, tanto sono uguali) che permette il continuo ricambio della sostanza e garantisce il mantenimento di un livello plasmatico costante. L'unità di misura del turnover è quella di un flusso di materia, cioè massa/tempo (ad esempio, mg/kg·min).

Abbiamo visto che in stato stazionario i flussi di produzione e utilizzazione come pure la concentrazione plasmatica della sostanza sono constanti nel tempo. Se il sistema metabolico viene perturbato da uno stimolo esterno (ad esempio un pasto o un periodo di attività fisica), esso esce dallo stato stazionario per entrare in uno stato non stazionario in cui i flussi e la concentrazione plasmatica della sostanza variano nel tempo. Facciamo un esempio di stato stazionario e di stato non stazionario riferendoci al sistema di regolazione glucosio-insulina (Fig. 11.4). Il sistema di regolazione glucosio-insulina si trova in stato stazionario di mattina quando il soggetto è a digiuno. È quello il momento in cui viene fatto un prelievo venoso per determinare la glicemia del soggetto a fini diagnostici. Quando il soggetto esce dalla sala prelievi e fa colazione, il sistema passa dallo stato stazionario a uno stato non stazionario. Infatti, l'introduzione di glucosio col pasto determina una catena di eventi: la glicemia sale, la beta-cellula pancreatica secerne insulina, l'insulina immessa in circolo esercita la sua azione ipoglicemizzante inibendo la produzione endogena di glucosio e aumentandone l'utilizzazione periferica. Il sistema è entrato in uno stato non stazionario in cui flussi, masse e concentrazioni variano nel tempo (ma sempre obbedendo alla legge di bilancio di massa). Dopo un intervallo più o meno lungo, il sistema torna allo stato stazionario che precedeva la perturbazione.

11.6
Clearance plasmatica

La clearance è un indicatore della velocità con cui la sostanza viene rimossa dal plasma. La clearance, indicata con PCR *(plasma clearance rate)*, è data dal rapporto tra il flusso

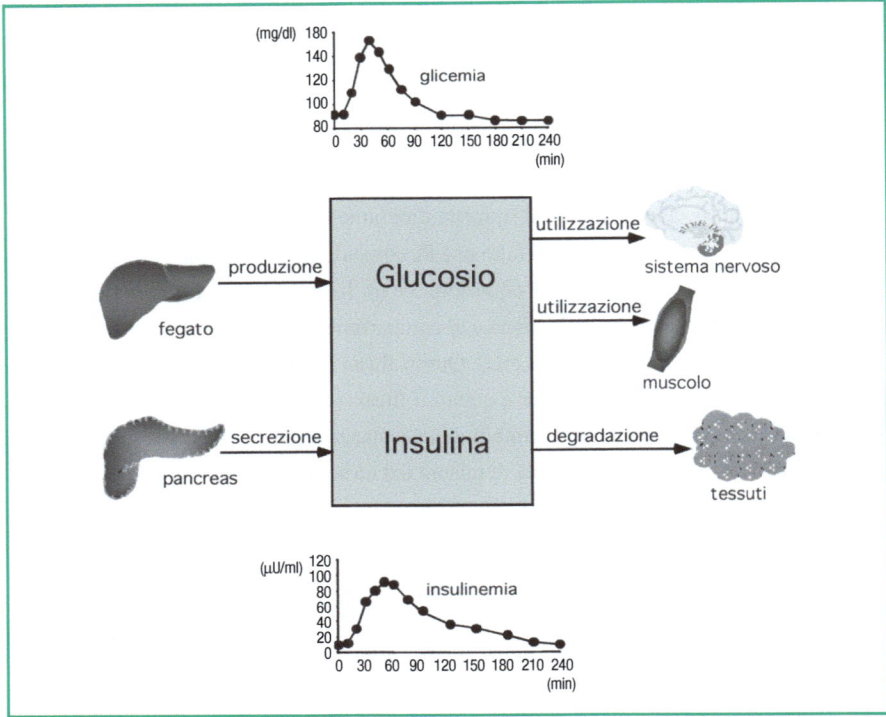

Fig. 11.4 Schema del sistema di regolazione glucosio-insulina e andamento temporale delle concentrazioni plasmatiche di glucosio e insulina durante un pasto. Il glucosio viene prodotto endogenamente dal fegato e viene utilizzato da tessuti insulino-indipendenti come il sistema nervoso centrale e da tessuti insulino-dipendenti come il tessuto muscolare e adiposo. L'insulina viene secreta dalle cellule beta del pancreas e viene degradata principalmente da fegato e reni. In stato stazionario, glicemia e insulinemia sono costanti nel tempo e assumono rispettivamente valori attorno a 85 mg/dl e 7 µU/ml. L'assunzione di un pasto porta il sistema in stato non stazionario. L'innalzamento della glicemia stimola la secrezione insulinica e l'insulina esercita la sua azione ipoglicemizzante inibendo la produzione epatica di glucosio e stimolando l'utilizzazione periferica di glucosio. Questa serie di eventi riconduce progressivamente il sistema metabolico allo stato stazionario che precedeva il pasto

R_d e la concentrazione della sostanza, entrambi misurati in stato stazionario:

$$PCR = \frac{R_d}{c} \qquad (7)$$

Le unità di misura di PCR sono volume/tempo (ad esempio, ml/kg·min). La clearance può quindi essere interpretata come il volume di plasma che viene "ripulito" dalla sostanza nell'unità di tempo. È chiaro che nel momento in cui è noto il turnover diventa disponibile la clearance. È vero anche il viceversa: se misuriamo la clearance ci basterà moltiplicare quest'ultima per la concentrazione della sostanza per ottenere il turnover.

11.7
Misura del turnover: necessità di un esperimento con un tracciante

Abbiamo visto che in stato stazionario i flussi di produzione e utilizzazione sono uguali e costanti e prendono collettivamente il nome di turnover. Come facciamo a misurare il turnover? La prima, fondamentale considerazione è che non possiamo misurare il turnover basandoci soltanto sulle misure plasmatiche della sostanza. Per convincercene immaginiamo due soggetti di cui si intenda misurare il turnover. Ricorrendo ancora una volta all'analogia idraulica, i due soggetti possono essere rappresentati da due vasche, ciascuna col proprio rubinetto e scarico (Fig. 11.5). Vediamo che il livello nelle due vasche è identico a dispetto di flussi di ingresso (e uscita) diversi. Il primo soggetto è caratterizzato da tre linee di flusso in ingresso e in uscita, mentre il secondo soggetto ha cinque linee di flusso. I due soggetti hanno quindi identiche concentrazioni della sostanza, ma turnover diversi. Possiamo concludere che la misura della concentrazione della sostanza in stato stazionario è condizione necessaria ma non sufficiente per la determinazione del turnover. Per superare questa *empasse* si fa ricorso a un esperimento in cui si somministra un tracciante della sostanza studiata. Il tracciante è una sostanza (marcata

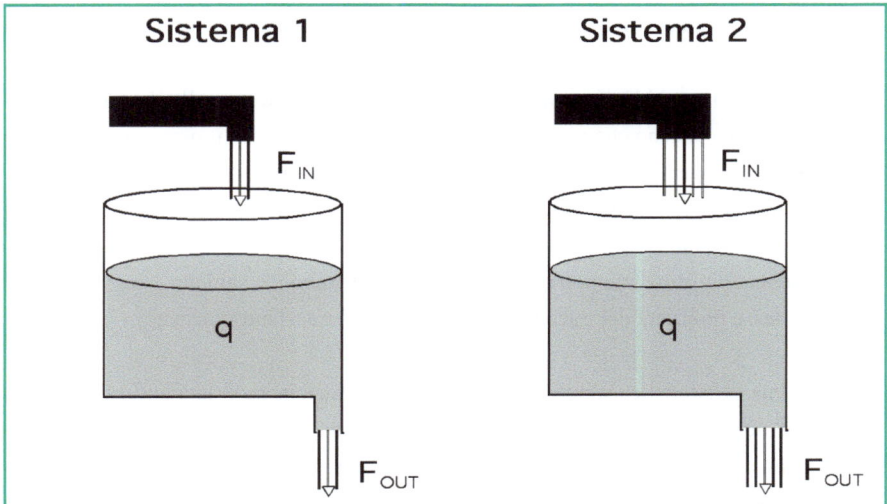

Fig. 11.5 Analogia idraulica che illustra la necessità dell'uso di un tracciante per la misura del turnover di una sostanza. Il livello nelle due vasche è lo stesso nonostante il fatto che i flussi di ingresso e uscita del *sistema 2* differiscano da quelli del *sistema 1*. L'esempio illustra la nozione che la semplice misura della concentrazione plasmatica di un metabolita in stato stazionario è condizione necessaria ma non sufficiente per la stima del suo turnover

con un isotopo radioattivo o stabile) che ha lo stesso comportamento biochimico della sostanza studiata (che viene denominata tracciato) e che lo sperimentatore può somministrare e misurare nel plasma. L'idea di fondo è di sfruttare a proprio vantaggio la seguente asimmetria tra tracciante e tracciato. Mentre il flusso di ingresso del tracciato nel sistema è ignoto (è proprio il turnover che vogliamo misurare), il flusso d'ingresso del tracciante è noto. Il flusso d'ingresso del tracciante, unitamente alle misure di concentrazione plasmatica del tracciante stesso, consentono di calcolare il suo flusso di scomparsa (grazie alla legge di bilancio di massa). Ciò permette di risalire alla clearance del tracciante. Poiché facciamo l'ipotesi che le molecole di tracciante si comportino esattamente come quelle del tracciato, ecco che la clearance del tracciante coincide con quella del tracciato. Una volta nota la clearance, il turnover può essere ricavato ricorrendo all'equazione 7. Questa è per sommi capi la strategia che si ha in mente quando si fa ricorso a un tracciante. Nelle prossime sezioni del capitolo formalizzeremo la funzione e le caratteristiche del tracciante e descriveremo i due più consueti esperimenti con tracciante (infusione continua e iniezione rapida) per la determinazione del turnover di una sostanza.

11.8
Caratteristiche e proprietà del tracciante

Riassumendo, il tracciante è una sostanza introdotta nell'organismo al fine di fornire dati sperimentali che consentano di quantificare i flussi incogniti della sostanza studiata. Quest'ultima, come abbiamo anticipato, viene denominata tracciato. Il tracciante è quindi un indicatore esogeno che viene somministrato per evidenziare il percorso metabolico del tracciato endogeno. I traccianti sono sostanze marcate con isotopi radioattivi o stabili. Un tracciante ideale ha le caratteristiche seguenti:
1) È misurabile dallo sperimentatore.
2) La sua somministrazione non perturba il sistema metabolico studiato.
3) Ha le stesse proprietà del tracciato (indistinguibilità tracciante-tracciato).

La prima caratteristica significa che deve esistere qualche proprietà intrinseca al tracciante che ne assicuri la misura. Può essere l'emissione energetica, nel caso di un tracciante radioattivo, o la massa nucleare nel caso di un isotopo stabile. La seconda caratteristica implica che il sistema metabolico non si avveda dell'introduzione del tracciante e continui a operare come in sua assenza. Per assicurare che questo requisito sia soddisfatto, si somministra una quantità di tracciante molto più piccola della quantità di tracciato prodotta endogenamente. Pertanto, lo stato stazionario del tracciato non viene disturbato dalla somministrazione del tracciante. Il terzo requisito è soddisfatto se tracciante e tracciato seguono le stesse vie metaboliche. In tal caso, lo studio del comportamento del tracciante consente allo sperimentatore di fare inferenze riguardanti il comportamento del tracciato e, in particolare, di quantificarne clearance e turnover.

11.9
Esperimento I: infusione continua di tracciante

Immaginiamo di disporre di un tracciante ideale della sostanza studiata e di volerlo impiegare per quantificare il turnover della sostanza stessa. A tale scopo è necessario predisporre un esperimento in cui si somministra il tracciante per poi misurarne la concentrazione plasmatica. Una modalità classica di somministrazione del tracciante è l'infusione endovenosa. A seguito di una infusione endovenosa a velocità costante, la concentrazione plasmatica del tracciante cresce fino a un valore di *plateau* (Fig. 11.6, in alto). Il raggiungimento di questo valore di regime della concentrazione di tracciante indica che il tracciante ha raggiunto uno stato stazionario in cui la velocità di scomparsa del tracciante eguaglia la sua velocità di comparsa:

$$R_d^* = R_a^* \qquad (8)$$

dove l'asterisco viene usato per denotare le grandezze relative al tracciante. In questa situazione di equilibrio, sia tracciato che tracciante sono in stato stazionario. Grazie al principio di indistinguibilità tracciante-tracciato, i flussi di scomparsa del tracciante e del tracciato e le relative concentrazioni plasmatiche stanno tra loro secondo lo stesso rapporto:

$$R_d : R_d^* = c : c^* \qquad (9)$$

Da questa proporzione possiamo calcolare il turnover, ossia il flusso di scomparsa del tracciato (uguale al flusso di comparsa):

$$R_a = R_d = R_a^* \cdot \frac{c}{c^*} \qquad (10)$$

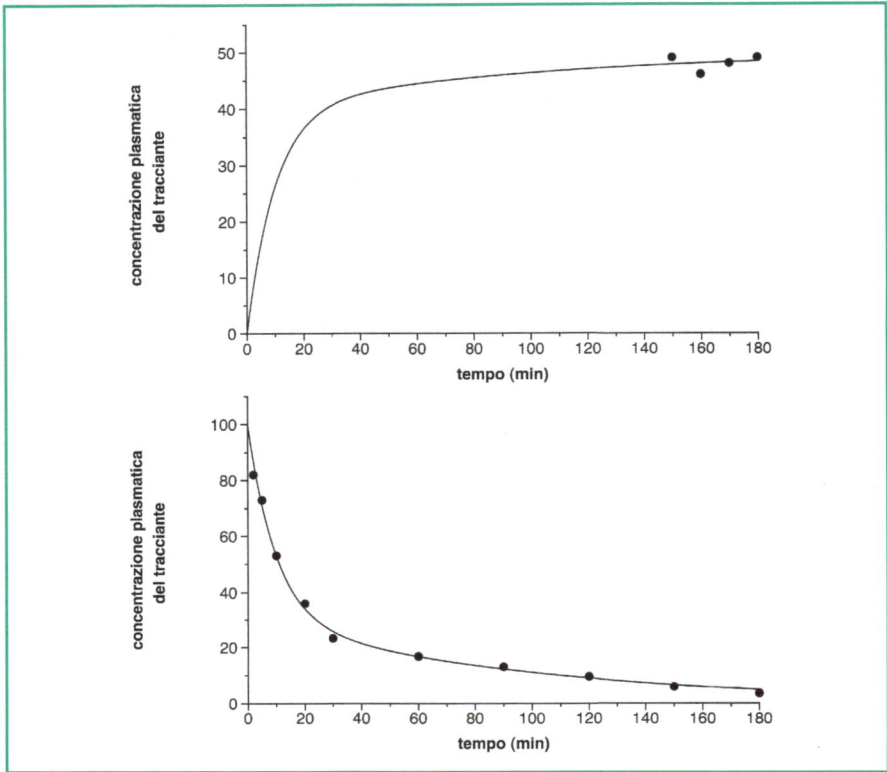

Fig. 11.6 Andamento temporale della concentrazione plasmatica di tracciante in risposta a un esperimento basato sull'infusione continua di tracciante (in alto) e in risposta a un esperimento basato sull'iniezione rapida di una dose di tracciante (in basso). La linea continua rappresenta l'andamento teoricamente atteso della tracciantemia, mentre i pallini neri rappresentano campioni di tracciantemia misurati durante l'esperimento. È da notare che il dato sperimentale non collima con il dato teorico a causa dell'inevitabile presenza di un errore di misura aleatorio

Il turnover è dunque inversamente proporzionale alla concentrazione di stato stazionario del tracciante. Grazie alle equivalenze descritte dall'equazione 10, possiamo ricavare la clearance in funzione dei soli dati del tracciante:

$$PCR = \frac{R_a^*}{c^*} \qquad (11)$$

La clearance risulta quindi il rapporto tra l'infusione di tracciante e la sua concentrazione di stato stazionario.

11.10
Esperimento II: iniezione rapida di tracciante

Questo esperimento prevede che una dose di tracciante, D*, venga rapidamente iniettata nella vena del soggetto sottoposto all'esperimento. La concentrazione plasmatica del tracciante raggiunge molto rapidamente il picco (entro 1-2 min) e decresce poi gradualmente fino a scomparire del tutto (Fig. 11.6, in basso). In questa condizione sperimentale, la concentrazione plasmatica del tracciante è ben descritta da una somma di funzioni esponenziali decrescenti:

$$c^*(t) = \sum_{i=1}^{n} A_i \cdot e^{-\lambda_i t} \qquad (12)$$

dove A_i e λ_i sono rispettivamente l'ampiezza e la costante di scomparsa dell'i-esima componente esponenziale. Il significato di A_i e λ_i e il loro ruolo nel calcolo della clearance e del turnover della sostanza possono essere più facilmente compresi facendo riferimento al caso più semplice, quello cioè in cui la scomparsa del tracciante possa essere descritta un'unica funzione esponenziale con due soli parametri, A e λ. Pertanto, rimandiamo il lettore interessato ad approfondire il caso multiesponenziale alla letteratura riportata nella bibliografia e proseguiamo la trattazione assumendo che la scomparsa del tracciante segua una legge monoesponenziale:

$$c^*(t) = A \cdot e^{-\lambda t} \qquad (13)$$

Il parametro A corrisponde alla concentrazione del tracciante al tempo 0. Infatti, $c^*(0) = Ae^0 = A$. Il valore di A può venire stimato estrapolando al tempo 0 i dati di concentrazione di tracciante misurati nei primi minuti dell'esperimento. Il valore di λ (min^{-1}) governa la velocità di scomparsa del tracciante. Più λ è elevato, più il tracciante scompare velocemente dal plasma. È facile dimostrare che il valore di λ è inversamente proporzionale al tempo di dimezzamento del tracciante. Quest'ultimo, comunemente indicato con il simbolo $t_{1/2}$ (min), è il tempo necessario affinché la concentrazione del tracciante passi dal valore iniziale A, alla sua metà, ossia A/2. Applicando questa definizione all'equazione 13, otteniamo una equazione trascendente che lega $t_{1/2}$ a λ:

$$\frac{c^*(0)}{2} = A \cdot e^{-\lambda t_{1/2}} \qquad (14)$$

Per risolvere questa equazione ricorriamo ora alla funzione logaritmo. La funzione logaritmo è la funzione inversa dell'esponenziale e quindi gode della seguente proprietà:

$$\log_e(e^x) = x \qquad (15)$$

Applicando il logaritmo a entrambi i membri dell'equazione 14, otteniamo la seguente relazione tra $t_{1/2}$ e λ:

$$t_{1/2} = \frac{\log_e(2)}{\lambda} \approx \frac{0.69}{\lambda} \qquad (16)$$

È bene precisare che il $t_{1/2}$ a cui ci riferiamo in questa sede è l'emivita biologica e riflette le vie metaboliche di utilizzazione/degradazione che il tracciante condivide con il tracciato. Questa emivita biologica si differenzia dalla velocità di dimezzamento di un tracciante radioattivo. Facciamo qui l'ipotesi che – nel caso si utilizzi un tracciante radioattivo - l'emivita legata al decadimento radioattivo sia molto più lunga del tempo necessario a eseguire l'esperimento e che quindi la scomparsa del tracciante rifletta soltanto la velocità con la quale esso viene metabolizzato.

Dopo aver chiarito le modalità di scomparsa del tracciante dal plasma dopo una iniezione rapida somministrata al tempo 0, ci chiediamo come possiamo determinare la clearance e il turnover dai dati del tracciante. Ricapitoliamo cosa sta avvenendo. La somministrazione di tracciante è rapida (idealmente istantanea) e la concentrazione plasmatica del tracciante assume rapidamente il suo valore massimo (idealmente al tempo 0). Dopodiché il tracciante non può che seguire la via metabolica del tracciato e la sua concentrazione declina nel plasma con una velocità governata dal parametro λ. È evidente che il tracciante scomparirà dal plasma tanto più rapidamente quanto più alta sarà la clearance della sostanza. In effetti, è possibile dimostrare che la PCR della sostanza è inversamente proporzionale all'area sottesa dalla curva di scomparsa del tracciante. Poiché l'area sottesa da una funzione monoesponenziale è data dal rapporto A/λ, otteniamo la formula seguente:

$$PCR = \frac{D^*}{[AUC]_0^\infty} = \frac{D^*}{\frac{A}{\lambda}} \qquad (17)$$

dove D^* è la dose di tracciante iniettata al tempo 0 e AUC *(Area Under the Curve)* è l'area sottesa dalla curva di scomparsa del tracciante. Come al solito, moltiplicando PCR per la concentrazione del tracciato, ricaveremo anche il turnover. Il problema di determinare PCR e turnover è quindi risolto a patto di stimare dai dati di tracciantemia i valori dei parametri A e λ. Questo può essere fatto utilizzando un qualsiasi software che consenta di eseguire una regressione non-lineare (i comuni fogli di calcolo possiedono questa capacità). Un'alternativa che illustriamo a scopo didattico è basata sull'uso della regressione lineare semplice, previa una trasformazione logaritmica dei dati. Infatti, prendendo il logaritmo dei due membri dell'equazione 13 otteniamo:

$$\log_e [c^*(t)] = \log_e \left(A \cdot e^{-\lambda t} \right) = \log_e (A) - \lambda t \qquad (18)$$

L'espressione $\log_e(A) - \lambda t$ è l'equazione di una retta la cui intercetta con l'asse y vale $\log_e(A)$ e la cui pendenza ha segno negativo e valore assoluto pari a λ. Questo significa che se calcoliamo il logaritmo delle concentrazioni misurate, avremo una serie di dati che può essere analizzata usando la regressione lineare. Stimeremo in tal modo A e λ e infine calcoleremo PCR con l'equazione 17.

11.11
Considerazioni conclusive

Riassumendo, sia l'esperimento con infusione continua che l'esperimento basato sull'iniezione rapida permettono di quantificare la clearance e il turnover della sostanza. Vantaggi e svantaggi dei due approcci sono simmetrici. L'esperimento con infusione continua richiede una pompa d'infusione, ma i prelievi necessari sono davvero pochi. Possiamo infatti limitarci a fare dei prelievi solo da un certo momento in poi perché ciò che conta ai fini della determinazione del turnover è la concentrazione del tracciante in stato stazionario. Dualmente, l'esperimento basato sull'iniezione rapida è più semplice da eseguire e non richiede una particolare attrezzatura. Tuttavia, il calcolo del turnover richiede che la concentrazione del tracciante venga misurata con sufficiente frequenza e si estenda per un tempo sufficientemente lungo al fine di garantire una stima precisa di A e λ, cioè i parametri chiave per la derivazione di clearance e turnover.

L'infusione continua e l'iniezione rapida possono anche venire impiegate simultaneamente. Il protocollo sperimentale che ne risulta viene denominato in inglese *primed, continuous infusion*. Quando la dose di tracciante nell'iniezione rapida viene scelta in modo appropriato, la concentrazione plasmatica del tracciante raggiunge rapidamente il *plateau*. Questo protocollo viene pertanto impiegato quando è di primaria importanza accorciare la durata dell'esperimento. Ad esempio, nello studiare la cinetica del glucosio in soggetti normali, il protocollo con la sola infusione continua richiede un esperimento della durata di 180-210 minuti. Invece una *primed, continuous infusion* consente di ridurre la durata dell'esperimento a 120 minuti. Abbiamo accennato al fatto che la presenza dell'iniezione rapida garantisce un più veloce raggiungimento del *plateau* del tracciante solo se la dose di tracciante somministrata con l'iniezione rapida e la velocità dell'infusione continua stanno tra loro secondo un rapporto ottimale che viene dimensionato sulla base della caratteristiche cinetiche della sostanza studiata. Ad esempio, nel caso dello studio della cinetica del glucosio in soggetti normali, la dose di tracciante nell'iniezione rapida viene scelta uguale alla massa di tracciante che viene somministrata in 100 minuti d'infusione continua.

Letture consigliate

Cobelli C, Bonadonna R (1998) Bioingegneria dei sistemi metabolici, Patron Editore, 448 p.

Cobelli C, Carson E (2008) Introduction to modeling in physiology and medicine. Academic Press, Elsevier

Cobelli C, Caumo A (1998) Using what is accessible to measure that which is not: necessity of model of system. Metabolism, 47:1009-1035

Jacquez JA (1992) Theory of production rate calculations in steady and non-steady states and its applications to glucose metabolism. Am J Physiol 262:E779-E790

Zierler K (1999) Whole body glucose metabolism. Am J Physiol, 276:E409-E426

Indice analitico

A
Accrescimento 8, 45, 49-52, 101
Acetil-CoA 64, 73, 74, 90
Actina 14, 43, 79-81, 83, 84, 110
ADP (adenosindifosfato) 64, 74, 75, 83, 84, 90, 111
Aminoacidi 99
- classificazione 101
- funzione 100, 101
    acido aspartico 35, 36, 101, 105
    acido glutammico 36, 101-103
    alanina 36, 62, 66, 90, 102-104, 110
    arginina 36, 101-103
    asparagina 36, 39, 101, 102
    cisterna 12, 13
    fenilalanina 36, 101-103, 106
    glicina 35, 36, 41, 90, 101, 103, 104, 106
    isoleucina 36, 101, 103, 111
    istidina 36, 101, 103
    leucina 36, 101, 103, 111
    lisina 35, 36, 101-104
    metionina 36, 43, 101-103, 106
    prolina 36, 39, 41, 101, 103
    serina 35, 36, 101
    tiroxina 101, 106
    treonina 36, 101, 104
    triptofano 36, 101, 103, 104
    valina 36, 101, 103
Aploide 48, 51, 54, 58, 59
AMP (adenosinmonofosfato) 72
ATP (adenosintrifosfato) 14, 15, 61, 63-65, 71-75, 83, 84, 86, 90, 91, 92, 95, 96, 101, 111
ATP-sintasi 71, 74

B
Base azotata 23, 24, 28, 29

C
Capsula 10, 11
Carboidrati 30, 39, 45, 61-67, 73, 89-91, 94, 96, 107, 113
Cariotipo 48
Catecolamine 61, 67, 95, 97
Cellula
- muscolare 79, 99, 109, 111
    lisce 79
    miocardiche 79
    striata 79
- teoria cellulare 7
Cervello 3, 61, 62, 64, 89, 102, 104
Ciclo cellulare 45, 49, 50, 52-54, 57
- fasi
    G1 49
    S 49, 50, 52, 53, 55, 57
    G2 49, 53
    M 49, 54
Ciclo dell'acido citrico 72, 73
Ciclo dell'acido tricarbossilico (TCA) 73
Ciclo di Krebs 63, 64, 72-75, 90, 91, 100, 105
Ciglia 14
Citoplasma 96
Citoscheletro 9, 11, 13, 17, 19, 22
Citosol 8, 12, 14, 75
Clearance 121, 122, 124-129
Cloroplasti 9, 15
Codice genetico 31, 109
Codone 31, 32
Colesterolo 17, 19, 62, 76, 103, 108
Compartimento 14
Complessità 8, 10
Comunicazione 9
Corredo cromosomico 48, 51, 54, 55, 58
Cortisolo 61, 97, 102
Creatina (Cr) 90
Creste 71, 76
Cromatina 12, 13, 32, 46, 53, 54, 57, 108
Cromosoma
- autosomi 48
- centromero 47, 53, 55, 57
- cromatide 55-58

131

- eterocromosomi 48
- gene 162 voci
- omologhi 48, 55-58
- telomero 47

D
Diabete
- tipo 1 68
- tipo 2 5, 69, 87, 88, 95

Diffusione facilitata 21, 67
Dimezzamento
- tempo di 127

Diploide 48, 49, 51, 54-56, 58
Dittiosoma 14
DNA
- sintesi 23, 26-29, 32, 33, 39-43
- patrimonio genetico 23, 25, 46, 50, 51, 54, 55, 58

Doppio strato lipidico 17

E
Endosimbiosi 2
Endurance 5, 76, 86, 87, 93-97
Energia 62 voci
Ereditarietà 7
Esoni 34
Esponenziale, funzione 127
Eterocromosomi 48
Eucarioti 1, 2, 10-14, 32-34, 72

F
FADH2 73-75
Fagocitosi 15, 21
Fegato 52, 61-64, 66, 67, 100, 104-108, 112, 113
Fibre
- intermedie 86, 87
- lente 77, 86-88
- rapide 84-87

Flagelli 11, 14
Fosfocreatina (PCr) 85, 90, 112
Fosfofruttochinasi (PFK) 66
Fosfolipidi 17-19, 71, 74
Fosforilazione 39, 64-67, 72-76, 91
Frammenti di Okazaki 37
Fruttosio-6-fosfato 64

G
Gene 28, 30, 32, 33
Giunzione neuromuscolare 82
Glicemia
- iperglicemia 62, 68
- ipoglicemia 61, 62, 67, 102, 113

Glicerolo 18, 19, 62, 66, 90, 94
Glicogenesi 63
Glicogeno 8, 61-64, 66-69, 76, 85, 89-94, 96
Glicogenolisi 63, 66, 67, 97
Glicolisi 63-65, 73, 75, 90-92, 95
Glicoproteina 17
Glucagone 61, 67, 94
Gluconeogenesi 61-64, 66, 67, 97, 102, 113
Glucosio 61-67
- Glucosio-6-fosfato (G6P) 64

GLUT4 64, 67, 87, 88
Golgi
- apparato 9, 14, 15
- vescicole 12, 14

Grassi
- acidi grassi liberi (FFA) 89
- intramiocellulari (IMCL) 76, 95

H
Homo erectus 1-5
Homo sapiens 3, 4

I
Insulina 38, 61, 66-68, 89, 94-97, 104, 121, 122
Insulino-resistenza 68, 69, 87, 95
Insulino-sensibilità 87, 88, 95
Introni 29, 34
Istoni 25, 46, 50

L
Lattato 62-64, 66, 90, 91-95
Lattato-deidrogenasi (LDH) 64
Lipidi 8, 14, 15, 17-21, 45, 62, 63, 67, 73, 90, 94, 96, 115
Lipolisi 66, 94, 95, 97
Lisosomi 14, 18

M
Massa, bilancio di 117-124
Matrice 10, 71-75
Meiosi 45
- meiosi I 35, 57, 59
- meiosi II 57

Membrana
- cellulare 10, 15, 17-21, 45, 67, 79
- esterna 71, 72, 75
- interna 13, 71, 72, 74, 75
- plasmatica 8, 9, 11-13, 15, 71, 82
- recettori di 22

Mesosomi 11
Metabolismo
- aerobico 7, 86

- anaerobico 1
- lipidico 67, 94, 95
Miofilamenti
- teoria dello scivolamento 83
Miosina 79-81, 83-86
Mitocondri 71-73, 76
Mitosi
- anafase 54, 56, 57
- interfase 32, 49, 50, 53, 54, 57
- metafase 53, 554, 56-58
- profase 53, 55, 57, 58
- prometafase 53
- telofase 54, 57
Modello 24-27, 29, 111, 116, 118
Mosaico fluido 18
Muscolo 61-63, 67, 79, 80, 82, 84, 87
Mutazioni 27, 32

N
NADH 72-75, 92
Nucleo 9-13
Nucleoide 10, 11
Nucleoplasma 13
Nucleosoma 25, 45
Nucleotidi 8, 23, 24, 26-31, 34, 35, 63, 108, 109

O
Ormone della crescita (GH) 61, 97, 102-105
Ossidazione 63, 73-76, 89, 90, 92, 94-96, 104
- β-ossidazione 73, 90, 94, 95

P
Pancreas 66, 67, 94, 122
- isole di Langerhans 66
Patrimonio genetico 25, 46
- DNA
- corredo cromosomico 48, 51, 54, 55, 58
- aploide 48, 59
- diploide 48, 58
- cromatina 12, 13, 32, 46, 53, 55, 57, 100
- cariotipo 48
- istoni 25, 46, 50
- nucleosoma 25, 46
- RNA 8, 14, 23, 27, 29, 32, 34, 50, 67, 109
Perossisomi 2, 15
Pi (fosfato inorganico) 74
Pili 11
Pinocitosi 21
Pirimidine 23, 29
Piruvato 64-66, 73, 90
Piruvato deidrogenasi (PDC) 64, 73

Plasmalemma 8, 10, 82
Plasmodesmi 9
Plastidi 15
Ponti acto-miosinici 83, 84
Procarioti 1, 2, 10-14
Produzione energetica 9, 72, 101
Proteina 40 voci
- dieta 62, 66, 94, 107
- mRNA 29-35, 43
- metabolismo 59 voci
- struttura 103 voci
- primaria 38-40
- secondaria 39, 41
- terziaria 41, 42
Purine 23, 29

R
Recettori di membrana 22
Rene 61, 66, 96, 102, 112
Replicazione 26-28, 32, 50, 52
Reticolo
- endoplasmatico 9, 10, 12-15, 18
  liscio 9, 12-14
  rugoso 9, 12-14
- sarcoplasmatico 83, 84
Ribosomi 9-14, 29, 30, 31, 46, 50, 67, 109
Rigor mortis 84
Riproduzione 9, 10, 51, 52, 55
RNA (vedi Patrimonio genetico, RNA)
- mRNA (messaggero) 29, 32, 109
- polimerasi 26, 27, 29, 32-34, 108
- rRNA (ribosomiale) 14, 29
- tRNA (transfer) 29-109

ROS-*reactive oxygen species* 76
S
Sarcolemma 79, 82
Sarcomero 79-81, 83-85
Sarcoplasma 81, 83, 84, 86
Scaffold 25
Sistema immunitario 21, 104, 105, 107, 112
Spinte evolutive 1, 2
Splicing 29, 34, 35
Stazionario, stato 120-129
Steroidi 14, 18, 19, 62, 110

T
Telomero 47
Thrifty 5
- *gene hypothesis* 5
- *genotype* 5
Tracciante 115, 123-130
Traduzione 29, 30, 34, 35, 108

Transizione 27, 86
Transversione 27
Trascrizione 29, 30, 32, 33, 108
Trasporto attivo 21
Trigliceridi 62, 85, 90, 93-96
Tropomiosina 40, 80, 81, 83, 84
Troponina 80, 81, 83, 84
Turnover 115, 116, 120-129

U
Utilizzazione 93, 115, 116, 117, 119-123, 128

V
Vacuoli 15, 18

Z
Zuccheri 8, 24, 89, 91, 95, 102, 105, 107

Finito di stampare nel mese di ottobre 2009

MIX
Papier aus verantwortungsvollen Quellen
Paper from responsible sources
FSC® C105338

If you have any concerns about our products,
you can contact us on
ProductSafety@springernature.com

In case Publisher is established outside the EU,
the EU authorized representative is:
**Springer Nature Customer Service Center GmbH
Europaplatz 3, 69115 Heidelberg, Germany**

Printed by Libri Plureos GmbH
in Hamburg, Germany